미처 몰랐던
내 아이 마음 처방전

미처 몰랐던 내 아이 마음 처방전

초판 1쇄 인쇄 2020년 3월 5일
초판 1쇄 발행 2020년 3월 16일

지은이 | 위영만
펴낸이 | 하인숙

펴낸곳 | ㈜ 더블북코리아
출판등록 | 2009년 4월 13일 제2009-000020호

주소 | (우)07983 서울시 양천구 목동서로 77 현대월드타워 1713호
전화 | 02-2061-0765
팩스 | 02-2061-0766
이메일 | doublebook@naver.com

ⓒ 위영만, 2020
ISBN 979-11-85853-93-2   03590

미처 몰랐던
내 아이
마음 처방전

위영만 지음

더블북

"어쩌면 내 아이인데 이렇게 모를까"

올해 초등학교 2학년인 윤지(가명) 엄마는 윤지 때문에 고민이 많습니다. 뭐 하나 부족할 것 없다고 생각했던 아이가 1년 전부터 눈에 거슬리는 행동을 반복했기 때문이지요. 윤지는 코를 계속 킁킁거리고 쉴 새 없이 눈동자를 돌리는가 하면 곧잘 일그러진 표정을 짓곤 했습니다. 좀 참으라고도 하고 주의도 줘봤지만 좀처럼 나아지지 않았어요. 아이와 함께 인근 병원을 찾은 윤지 엄마는 의사 선생님으로부터 '틱장애'일 수도 있다는 이야기를 들었습니다.

윤지 엄마는 아이의 틱 판정을 받아들이기 힘들었습니다. 어렵게 얻은 아이인 데다 어려서부터 금지옥엽으로 키웠으니까요. 윤지 엄마를 더욱 힘들게 한 건 나중에 의사 선생님에게 전해 들은 이야기였습니다. 아이의 반복 행동이 어릴 때 친구가 크게 다친 모습을 보고 놀란 탓에 시작되었을 수도 있다는 내용이었습니다. 윤지 엄마는 아이가 그런 경험을 했는지 전혀 모르고 있었습니다.

부모라면 윤지 엄마처럼 아이를 키우면서 누구나 한 번쯤 이런 일을 겪습니다. 아이를 누구보다 잘 알고 이해한다고 생각했는데 아이에게 큰 변화가 생기고 나서야 뭔가 문제가 있음을 깨닫게 되지요. 그것도 아이의 일기장이나 휴대폰을 보고 나서 말이에요. 그러면서 "내 아이인데 어떻게 이렇게까지 몰랐을까?"라며 자책합니다. 아이의 잘못이 마치 자신의 책임인 것처럼요.

이렇듯 부모들이 가장 좌절을 느낄 때는 내 아이를 생각보다 잘 모른다는 사실을 깨달을 때입니다. 둘러보면 제 주위에도 이런 분들이 꽤 많아요. 어디다 이야기도 못 하고 고민하면서 혼자 인터넷을 헤매며 전전긍긍하지요. 그러나 부모는 신이 아니기에 아이의 모든 것을 다 알 수는 없습니다. 다른 사람보다 많이 알 수는 있겠지만, 아이가 자라며 함께 있는 시간이 줄어들면서 이런 현상이 커지는 건 어쩌면 당연한 일이에요.

문제는 당연하다고 해서 고민이 사라지지는 않는다는 것입니다. 설상가상으로 부모의 더 큰 고민은 '내가 예상하지 못했던 아이', 좀 더

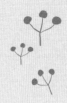

구체적으로 말하자면 '남들과 조금 다른 내 아이'에 대한 대처가 쉽지 않다는 것이지요. 남들과 다른 개성을 중요시하는 시대라고는 하지만 우리 사회에서 '남과 다른' 모습으로 살아가기란 여전히 쉽지 않아요. 특히 아이 자신과 그런 아이를 바라보는 부모는 답답하기만 합니다.

　그러면 어떻게 해야 할까요? 가장 일반적이고 바람직한 방법은 전문기관이나 의료기관을 찾아 치료하고 상담 받는 거예요. 하지만 그것만으로 충분할까요? 일반적인 이 방법으로 아이가 쉽게 변한다면 세상에 고민하는 부모는 하나도 없을 것입니다.

　저는 전문가의 도움을 받는 것 못지않게 부모의 역할이 중요하다고 생각합니다. 부모야말로 아이 옆에서 가장 적절하게 조치를 취할 수 있으니까요. 아이를 변화시키려 할 때 가장 중요한 것은 적절한 '타이밍'에 치료를 받게 하는 것입니다. 하지만 상당수 부모들이 너무 조급해하거나 혹은 안이하게 판단해 치료시기를 놓치곤 합니다. 어떤 부모는 필요 이상으로 아이의 증상에 예민하게 굴고 또 어떤 부모는 변화한 아이의 모습에 지나치게 관대하지요. 그러다 보니 적절한 도움을 받지 못합니다.

아이가 달라졌다고 하기에 앞서 가끔은 그 원인을 부모에게서 찾아야 할 때도 있습니다. 전문가들은 아이만 치료해서는 소용없다고 말합니다. 달라진 아이 때문에 힘들어하는 부모도 바뀌어야 한다는 것이지요. 아이에게 문제가 있다고 보는 부모 자신이 문제를 안고 있을수도 있기 때문입니다.

부모들은 늘 아이에게 무엇이든 열심히 해 줍니다. 자기가 못한 것을, 자기가 하고 싶었던 것을 아이에게 주고 돌보지요. 그러다 보니 기대도 크고 조급합니다. 하지만 실상을 조금 들여다보면 자식의 겉만 억세게 돌보고 있음을 알 수 있습니다.

왜일까요? 부모에게도 모든 것이 처음이고 낯설기 때문입니다. 정도의 차이는 있겠지만 핵가족 시대에 아이들과 마찬가지로 부모도 부모로서 세상을 맞이하는 게 처음이니까요. 그러다 보니 아이가 겪는환경을 이해할 수 없고, 예전에는 몰랐던 일들이 수없이 일어나다 보니 속수무책으로 당황하기 일쑤입니다. 부모와 자녀에 관해 다룬 책

이 수없이 나와 있고 인터넷과 TV에 정보가 넘쳐나지만, 정작 내 아이와 내 상황에 딱 들어맞는 경우는 없으니 그저 답답할 뿐이지요.

그래서 저는 이 책에서 앞으로 다양한 아이들의 이야기와 그 치유 과정을 여러분과 공유하고자 합니다. 어쩌면 여러분은 이 책을 다 읽어갈 때까지 정답을 찾지 못할 수도 있습니다. 혹 그렇다고 해도 다른 사람들이 어떻게 문제를 해결하는지 담은 이 책이 각자 자신만의 해답을 찾는 데 값진 도움이 되기를 소망합니다.

2020년 2월

위영만

차례

PART 1

표현이
서툰 아이를 위한
마음 처방전

Chapter 1

잘못된 습관이 반복되는 것은 나쁜 신호다

습관을 방치하면 병이 된다

아이가 특정한 행동을 반복할 때 부모가 "그건 습관이야."라며 가볍게 여기는 경우를 흔히 봅니다. 하지만 습관의 이면에는 지속적이어서 고치기 어려운 어떤 것들이 숨어 있기도 합니다. 이런 단순한 습관은 자신은 물론 때로는 타인까지 방해하기도 하며, 스스로도 어떻게 하지 못하지요. 그러므로 습관이라는 것에 좀 더 신중하게 접근하여 자신의 노력에 맡기기보다는 치료적인 도움을 주어야 하는 경우도 있습니다.

아이들에게 나타나는 잘못된 습관의 대표적인 증상으로는 손가락 빨기, 손톱 물어뜯기, 피부 뜯기, 말더듬기, 입으로 옷 빨기, 자위 행위, 머리카락이나 눈썹처럼 몸에 있는 털 뽑기 등이 있습니다. 이러한 습관적 행동 및 생활양식이 특정한 상황에서 한두 번 나타나는 것이 아니라, 6개월 이상 지속될 경우 치료적 개입이 필요한 습관장애로 볼 수 있습니다.

잘못된 습관은 다른 정신질환의 단초가 되기도 한다

치료현장에서 살펴보면 습관이라는 증상적 스펙트럼이 존재합니다. 이러한 스펙트럼의 한쪽 끝에는 단순한 버릇이 있으며, 반대편 끝에는 소위 정신 병리적 장애인 강박장애, 틱장애, 정서장애, ADHD 등이 있습니다. 그리고 이 스펙트럼의 중간쯤에 치료가 필요한 습관장애가 위치하지요.

임상에서는 종종 틱장애가 시작되기 전에 아이가 손톱을 물어뜯거나 손을 빠는 습관이 먼저 나타납니다. 또한 불안한 정서를 표현하는 행위로 소변을 자주 보고 손톱을 물어뜯고 머리카락을 만지는 습관적인 행동을 보이는 경우를 흔히 관찰할 수 있어요.

이러한 습관적인 행동을 시간이 지나면서 저절로 없어지는 단순한 버릇으로만 볼 것이 아니라, 아이들이 자신의 불안한 심리 상태를 표출하는 하나의 방식으로 이해해야 합니다. 만약 습관적인 행동을 방치하면 아이의 정서나 행동에 문제를 야기할 수도 있습니다.

습관적인 행동은 그대로 두면 사라지기도 하므로, 부모가 구체적으로 개입해서 이를 개선하기보다는 강압적으로 사라지게 하거나 그대로 두는 경우가 많습니다. 그러나 습관장애는 단순한 패턴의 반복이라기보다는 증상적 요인이 존재하며 치료시기를 놓칠 경우, 다른 잘못된 습관으로 변형되거나 정신질환을 야기하는 단초가 되기도 해요. 따라서 '세 살 버릇 여든까지 간다'는 말처럼 습관은 처음 생기는 시점에 개선하도록 노력하는 것이 좋습니다.

습관장애의 유형은 다양하다

잘못된 습관은 몇 가지 유형으로 나누어 볼 수 있어요. 첫 번째는 신경성 습관입니다. 신경성 습관은 대체로 높은 심리적 긴장을 겪을 때 일어나며, 반복적이고 조작적인 행동으로 긴장감을 해소하는 방식으로 나타나지요. 손톱 물어뜯기, 손톱 파기, 입술 깨물기, 이갈기, 엄지손가락 빨기, 머리카락 잡아당기기, 연필 두드리기, 펜이나 연필 등을 씹기 등이 해당합니다.

두 번째는 틱 경향성 습관입니다. 운동 틱과 음성 틱을 동반하는 틱장애가 아니라 한 가지 습관이 1개월 이상 지속되는 것을 틱 경향성 습관으로 볼 수 있어요. 전문가의 견해가 없을 경우에는 틱 경향성 습관과 틱의 경계가 모호할 수 있으며, 이러한 습관을 교정 및 치료하지 않을 경우에 틱장애로 전환되어 나타날 수도 있습니다. 이유 없는 헛기침, 코 훌쩍이기, 곁눈질, 머리 움직이기, 목 비틀기, 어깨 올리기, 손목 돌리기 등이 해당합니다.

세 번째는 실행기능 습관입니다. 뇌의 여러 가지 기능 중에는 외부 입력정보를 처리하는 실행기능이 있는데, 외부 환경으로부터 입력되는 감각적 정보들을 실제 행동과 계획하에 스스로 처리하는 기능을 말합니다. 예를 들어 방을 정리하거나, 물건을 잃어버리지 않고 챙기거나, 시험 볼 때 문제를 건너뛰고 풀거나, 쉬운 문제를 틀리는 것 등은 주의력 부족 및 충동적 경향성과도 관련이 있어요. 그 근본을 살펴보면 뇌의 생리적, 발달적 불균형으로 인해 실행기능에 이상이 생겨서 이런 증상을 나타낼 수도 있지요. 이러한 것들은 자신도 모르는 사이에 습관적 형태로 남아 아이에게나 부모에게나 고민거리가 되기도 합니다. 이러한 실행적 습관—습관적으로 어지르기, 지속적으로 물건 잃어버리기, 정리정돈 안 하기, 부모의 언어적 지시 후에 실행 안 하기, 도벽 등—에 대한 빠른 인식은 아이의 긍정적 성장에 도움을 줍니다.

네 번째는 수면 습관과 관련된 것들로 악몽으로 인한 수면방해, 몽유병, 야경증, 이갈이, 유뇨증 등이 있습니다.

다섯 번째는 안 먹는 아이, 느리게 먹는 아이, 편식인 아이, 마르고 성장이 더딘 아이, 비만인 아이에게 나타나는 성장과 체질 및 식습관과 관련된 양상들입니다.

손톱을 계속 물어뜯어요

초등학교 2학년 세화(여, 9세)는 손톱을 심하게 물어뜯고 손톱을 못 뜯게 하면 손으로 입술을 뜯습니다. 출생 후 6개월 무렵에 자기 귀를 심하게 뜯는 행동을 보였고, 이후에는 손톱과 발톱을 물어뜯는 행동을 보였습니다.

뿐만 아니라 어려서부터 이유식을 잘 안 먹고 떼도 심하게 부렸습니다. 새벽에도 잠을 안 자고 우는 야제증이 있어서 엄마가 업어줘야만 잤습니다. 먹고 자는 게 기질적으로 까다로운 아이였죠.

두 살에 어린이집을 보냈을 때는 분리불안을 약간 겪었습니다. 어린이집 선생님이 수업 시간에 집중하지 못하고 몸을 가만히 두지 못하며 산만하다는 이야기를 전해 왔습니다. 집에서도 TV를 볼 때 가만히 있지 못하고 계속 움직이니까 아빠가 한번 검사해 보자고 해서 병원을 찾아왔습니다.

또래 관계는 괜찮았지만 최근에 이런 행동이 심해져서 내원했는데, 진료해 보니 환경적인 문제보다도 기질적인 소인이 강한 아이였습니다.

기질이 까다로운 아이는 자고 먹고 싸는 생리적 주기가 불규칙합니다. 환경변화에 민감하고 강렬한 반응을 보이며 변화에 적응하는 데 시간이 걸리지요. 자녀의 기질이 까다로우면 부모가 양육에 어려움을 느끼기 쉬워요. 이런 기질을 지닌 아이들은 나중에 정서적, 행동적, 사회적인 문제를 경험할 가능성이 매우 높습니다.

세화처럼 까다로운 아이들에게는 기질을 부드럽게 하는 한약이 도움이 됩니다. 흔히 '간 큰 사람'이라고 해서 간의 기운이 센 경우인데, 간과 심장에 열이 많은 체질의 아이들이 여기에 해당합니다. 이런 아이들은 스트레스를 받으면 자주 머리나 배가 아프다고 해요. 이때 작약과 감초와 같은 약재가 도움이 되지요. 작약은 간의 지나치게 센 기운을 누그러뜨리는 한약으로 몸의 근육이 자주 긴장하는 증상을 완화하는 약입니다.

세화 같은 아이들을 내버려두면 나중에 과잉행동이나 반항적인 행동을 할 확률이 높아요. 부모의 의도대로 지나치게 억제하면 할수록 용수철처럼 반응하는 기질이 있기 때문입니다.

반대로 간의 기운이 세서 까다로운 게 아니라, 성격이 내성적이고 쉽게 불안해하는 아이들도 있어요. 기질적으로 '천천히 반응하는 아이'인데, 이 아이들은 소심하고 겁이 많아서 어떤 문제나 사건을 마주치면 바로 반응하는 것이 아니라 조심스럽게 천천히 반응해요. 그리고 익숙하지 않은 환경에 적응하는 데 시간이 걸리고 본인의 감정을 잘 표현하지 않아요. 그래서 주 양육자가 계속 바뀐다든지 자꾸 낯선 환경에 처하면 분리불안이 생기거나 손톱을 물어뜯는 행동을 보이기도 하지요. 이런 아이들에게는 불안을 없애 주고 심리적으로 안정을 찾도록 지지해 주고 공감해 주는 치료가 필요합니다.

아이가 이런 증상을 겪는다면 부모가 욕구를 적절히 채워 주지 못한 건 아닌지, 주 양육자가 계속 바뀌어 양육환경이 불안하지는 않았는지 체크해 보세요. 부모가 자주 부부싸움을 하거나 엄마가 계속 잔소리를 하거나 유치원에서 또래와 못 어울리는 등 불안한 주변환경으로 인해 아이가 스트레스를 받지는 않았나요? 또는 영어유치원 같은 곳에서 재미를 못 느끼고 지루한데도 아이가 소극적이고 내성적이어서 자기 마음을 제대로 표현하지 못하니까, 손톱을 물어뜯는 습관적인 행동으로 속마음을 표현한 것은 아닐까요?

아이가 손톱을 물어뜯을 때 너무 강하게 제지하지 마세요. 혼내거나 매를 들면 부작용이 크거든요. 물에 들어가기 무서워하는 아이에게 억지로 물에 들어가는 훈련을 시켜서 문제를 극복할 수도 있지만, 자칫 잘못했다간 트라우마가 생겨서 다시는 물에 못 들어가는 것을 연상하면 이해가 쉬울 거예요. 그보다는 손톱을 물어뜯지 않을 때 칭찬하는 방법을 추천합니다.

또한 아이가 손톱을 물어뜯고 싶은 충동을 느낄 때, 주먹 쥐는 행동을 반복하거나 손바닥 지압기 혹은 장난감을 반복해서 만지게 하세

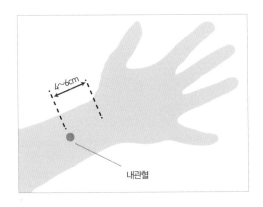

내관혈

요. 내관혈(손목 안쪽에서 팔꿈치 쪽으로 4~6cm 정도 내려왔을 때 두 힘줄 사이에 있는 혈)에 피내침을 붙이고 손톱을 물어뜯고 싶은 충동이 일어날 때마다 내관혈을 5~10분 정도 정신을 집중해서 누르는 방법도 있어요. 이렇게 반복해서 내관혈을 누르면 손톱을 물어뜯고 싶은 충동이 점차 줄어들지요. 이런 방법들은 손가락 빨기, 손톱 물어뜯기, 머리카락 뽑기, 피부 뜯기 등과 같은 습관적인 행동을 고치는 데 도움이 됩니다.

잘못된 습관들이 반복되는 것은 나쁜 신호

잘못된 습관들이 계속 반복되면 틱장애, 불안장애, 우울증, 강박증, 충동조절장애의 단초가 될 수도 있어요. 병까지는 아니어도 싹이 틀 수 있는 상황이지요. 초기에는 간단히 고치거나 조절할 수도 있지만, 만약 그렇지 못할 경우 자기 스스로 극복하지 못하면 정신과질환으로 바뀔 수도 있습니다.

실제로 일곱 살에 틱 장애가 온 아이들 중에는 세 살 때부터 손톱을 물어뜯은 아이도 있었습니다. 그때는 단순한 습관인 줄 알았는데 나중에 알고 보니 일종의 신호였던 것이지요. 하지만 대부분의 부모가 병적인 것이 아니면 그냥 넘어갑니다.

아이가 그런 행동을 보이면 아이의 주변 환경을 돌아보고 욕구불만이나 애정결핍을 느끼지는 않는지, 애착형성에 문제는 없는지, 능력

잠깐만

3가지 기질 유형

개인적으로 타고난 특성을 기질이라고 합니다. 아이의 기질은 크게 세 가지 유형으로 구분할 수 있습니다.

첫째, 쉬운 아이(easy child)는 자고 먹고 배설하는 등의 생리적 주기가 규칙적이고, 낯설고 새로운 환경에도 쉽게 적응합니다. 행복하고 즐거운 감정표현이 많은 편이고 부모가 키우는 데 어려움이 적습니다.

둘째, 까다로운 아이(difficult child)는 자고 먹고 싸는 생리적 주기가 불규칙하고, 환경변화에 민감하고 강렬한 반응을 보이며, 변화에 적응하는 데 시간이 걸립니다. 짜증을 잘 내고 신경질적이며 부모가 양육에 어려움을 느낍니다.

셋째, 천천히 반응하는 아이(slow to warm-up child)는 보통 순한 편이나 감정표현이 적극적이지 않고, 활동 수준이 낮은 아이들입니다. 새로운 상황과 낯선 사람들로부터 물러서는 경향이 있으며, 새로운 환경에 적응하는 데 시간이 걸리지만 반복해서 노출되면 수용합니다. 따라서 부모가 빨리 따라오라고 다그치면 오히려 거부감을 불러일으켜 부정적인 결과를 초래할 수도 있습니다.

에 비해 지나치게 학업 스트레스를 주지는 않는지 확인할 필요가 있습니다.

손톱을 물어뜯는 행동을 보이는 아이들 중에서는 어려서부터 손가락을 빠는 습관을 지닌 아이가 많아요. 아기들은 보통 젖병을 빨다가 구강기가 되면 무언가를 빨면서 쾌감을 느끼는데 이것은 자연스러운 과정입니다. 시간이 지나면 저절로 다른 데로 관심이 가면서 서서히 없어지지요. 그러나 부모가 이 시기에 아이의 욕구를 충족시키지 못하거나 관심을 다양하게 돌려주지 않으면, 아이는 재미가 없으니 욕구불만을 느끼고 손가락을 빨게 됩니다.

요즘 밥 먹을 때 아이에게 스마트폰을 틀어주는 부모를 종종 보는데 그리 좋은 습관은 아닙니다. 요즘 아이들은 외출 시 다양한 자극이 아니라 단순한 시각적 자극만 접하는 경우가 많아서 안타까워요. 그러면 아이들에게 감각적 자극의 영양소가 부족해질 수밖에 없습니다. 쉽게 말해 감각편식이 생길 수밖에 없지요.

이는 자폐아들이 처한 상황과 상당히 비슷합니다. 자폐아들에게 모래를 만지게 하는 등 감각을 자극하는 다양한 놀이치료를 실시해서 일종의 뇌 성장을 도와주는 이유도 여기에 있어요. 부모는 아이의 감각을 균형 있게 길러줘야 해요. 균형적인 식습관이 필요하듯이 손으로 만지게도 해 주고, 보게도 해 주고, 음악도 들려주면서 감각을 다양하게 발달시켜 주세요. 그러면 손가락을 빠는 행동을 줄일 수 있습니다.

밥을 떠 먹여줘야 겨우 먹어요

무진이(남, 4세)는 밥을 혼자서 잘 못 먹습니다. 엄마가 떠 먹여 주면 잘 먹는데 혼자서 먹으라고 하면 1시간 이상 걸려도 진도가 잘 안 나갑니다. 반찬도 골고루 잘 먹고 혼자서 먹을 줄도 알며, 어쩌다 기분이 내키면 혼자서 10분 만에 뚝딱 해결할 때도 있지만 이런 경우는 극히 드뭅니다.

식탁을 오르락내리락하는 행동에 야단치면 그때만 반짝입니다. 다 잘하는데 밥 먹는 건 0점입니다. 밥 먹는 시간을 정해 주고 그 시간이 지나서 치우면 울고불고 난리가 납니다. "밥 먹을 거야."라고 말하면서도 엄마가 먹여 주길 바랍니다.

15개월 된 동생이 있지만 동생이 생기기 전에도 그랬습니다. 무진이 엄마는 어릴 때 밥을 흘리는 게 싫어서 먹여줬더니 그 버릇이 계속 가는 것 같다고 합니다.

가정마다 아이들이 밥을 잘 안 먹어서 고민이 많습니다. 한 숟가락이라도 더 먹이고 싶은 것이 부모 마음이지요. 아이에게 밥 잘 먹는 습관을 들이려면 부모의 일관된 노력이 필요해요.

아이에게 한번 잘못된 식습관을 들면 고치기가 상당히 힘듭니다. 생후 8~12개월쯤이면 혼자 숟가락을 쓰는 연습을 할 수 있어요. 이때 엄마가 제대로 훈련시키지 않으면 두 돌이 되어도 숟가락을 쓰지 못하는 경우도 있습니다.

이 시기에 연습을 잘하면 생후 15~18개월쯤이면 혼자서 숟가락으로 음식을 먹을 수 있으니 이때부터는 스스로 먹게 해야 합니다. 그런데 아이가 혼자 먹을 수 있는데도 좀 더 빨리, 더 많이, 지저분하지 않게 먹일 욕심으로 엄마가 먹여주다 보면 아이는 '식사는 다른 사람이 먹여 주는 것'이라는 생각을 갖게 되지요. 이때부터 아이는 스스로 밥을 먹기보다는 엄마가 먹여주기를 원합니다.

아이가 밥을 잘 먹게 하려면 좋은 식사 습관을 들여야 해요. 먼저 '식사는 즐거운 것이며 혼자서 스스로 먹어야 한다'는 인식을 심어주어야 하지요. 그리고 밥 먹는 일로 아이와 거래해서는 안 됩니다. 어릴 때부터 안 되는 것은 안 된다고 명확히 알려주어야 합니다.

또한 밥을 잘 안 먹는 아이에게 밥 먹으라고 너무 강요할 필요는 없어요. 만약 아이가 하염없이 오랫동안 밥을 먹는다면 식사 시간을 서서히 줄여서 30분 정도로 제한하는 것이 좋습니다.

일단 식사 시간을 제한하기로 한 후에는 아이에게 일러준 다음 일관된 태도를 취해야 합니다. 아이가 식사를 적게 했더라도 간식은 조금만 주세요. 밥을 충분히 먹지 않았다고 해서 간식을 배부를 정도로 주어서는 안 됩니다. 차라리 다음 식사 시간에 밥을 더 주세요.

식사 때 이 밥을 안 먹으면 다음 식사 시간까지 배고파도 밥을 먹을 수 없다는 것을 아이에게 명확하게 인식시키는 것이 중요합니다. 아이들은 배가 고프면 반드시 음식을 먹게 되어 있어요.

천방지축 돌아다니면서 먹어요

어린이집에 다니는 한솔이(남, 5세)는 좀처럼 제자리에 앉아서 밥을 먹으려 하지 않습니다. 조금 먹다가 책 가지러 가고 또 조금 먹다가 장난감 가지러 가고, 또 밥을 먹이려고 하면 도망가면서 장난을 칩니다. 밥 한 끼 먹이는 것이 정말 전쟁이지요. 그리고 밥 먹는 것뿐 아니라 다른 면에서도 자신이 좋아하는 것에는 집중하는 편이지만 좀처럼 한 가지에 집중하지 못합니다.

외출해서도 자신이 관심 있는 곳에 정신이 쏠린 아이를 찾으러 다니는 게 한솔이 엄마의 일상입니다. 한솔이 엄마는 다른 건 몰라도 성장과 관련된 밥만은 앉아서 차분히 먹었으면 하는 바람입니다.

돌아다니면서 밥 먹는 습관은 한번 들면 쉽게 고치기 힘들지요. 뿐만 아니라 밥 먹는 자체에 흥미를 잃기 쉽습니다. 한솔이는 밥 먹는 식습관뿐 아니라 전체적인 생활습관과 행동습관에서도 비슷한 문제가 있었습니다.

이런 경우에는 밥 자체보다도 아이의 체질과 기질적 패턴에 맞춰서 습관적인 행동을 개선해야 합니다.

먼저 집에서 할 수 있는 방법으로 식사를 준비할 때부터 아이를 참여시켜 보세요. 이런 성향의 아이는 호기심이 많아서 자기가 만져보고 조리해 본 음식에 많은 관심을 보이거든요.

그리고 식사 시간을 규칙적으로 정하는 것이 좋아요. 아이가 유난히 밥에 관심을 보이지 않을 때는 색다른 장소에서 밥을 먹는 것도 도움이 됩니다. 하지만 이건 아주 가끔 하는 것이 좋습니다. 색다른 장소에서만 밥 먹는 게 습관이 되면 또 다른 문제가 될 수도 있으니까요. 우선은 아이에게 음식을 만들고 밥을 먹는 것이 즐거운 것이라는 점을 알려주는 것이 중요해요.

선천적으로 양기가 많은 아이는 몸에 열이 많아 더운 것을 싫어하고, 땀을 많이 흘리며 찬물을 많이 마셔요. 또한 기질과 성격이 급하고 외향적이며 신체적 활동도 왕성해서 한자리에 가만히 있지 못하고 움직임이 많은 편입니다. 그러다 보니 과잉활동을 보일 가능성이 높지요.

반대로 양기가 적은 아이는 몸에 열이 적어 추위를 많이 타요. 땀도

별로 나지 않으며 물도 많이 마시지 않습니다. 기질과 성격은 차분하

한의학에서 보는 식욕부진의 원인

첫 번째, 소화기능을 담당하는 비위(脾胃)가 선천적으로 약한 경우입니다. 일명 배꼽이 작은 아이에게 흔하게 나타나지요. 밥을 담는 그릇이 작으니 다른 아이에 비해 조금밖에 못 먹습니다. 이런 아이는 대개 배가 차고 팔다리에 힘이 없으며, 얼굴색이 누렇고 예민한 성격에 생각이 많습니다. 이때는 약한 비위 기능을 회복시켜 배꼽을 늘려야 밥을 잘 먹게 됩니다.

두 번째, 신장(腎臟)의 기운이 약한 경우입니다. 비위가 밥을 할 때 솥단지에 해당한다면, 신장은 화덕이라고 할 수 있습니다. 화덕의 불이 약하면 밥이 잘 익지 않지요. 선천적으로 신장이 허약한 아이는 화덕의 불이 약해 소화가 잘되지 않고 입맛이 없습니다.

세 번째, 위장에 열이 많거나 잘못된 식습관으로 인해 음식을 먹으면 자주 체하는 경우입니다. 위장에 열이 있으면 소화기능이 원활하지 않고, 자주 체하기 때문에 밥을 먹고 싶은 생각이 들지 않습니다. 이때는 위장의 열을 내려 원활한 활동을 돕고 체기를 내려 주는 등의 치료를 먼저 해야 아이가 밥을 먹기 시작합니다.

네 번째, 기질적으로 까다롭고 성격이 예민하며 잘 놀라거나 긴장하는 경우입니다. 이런 아이는 똑같은 음식을 먹어도 잘 체하고 소화를 못 시키는 경우가 많습니다. 스트레스에 민감하기 때문에 밥을 먹으라는 잦은 잔소리, 지나친 학습량, 원만치 못한 또래관계 등으로 인해 신경성 위장장애가 발생할 가능성이 높습니다. 이런 경우에는 스트레스로 인해 울체된 간장과 위장의 기운을 풀어주어야 소화가 잘되고 입맛이 살아납니다.

고 내성적이며 앉아서 하는 활동을 좋아해요.

특히 소화기 기능을 담당하는 비위(脾胃)에 열이 많으면 물이나 음료수, 과일만 먹고 싶어 하고 밥은 먹기 싫어할 수도 있습니다. 더운 여름에 갈증이 나서 물만 마시고 싶고 입맛은 없어지는 것과 같은 현상이지요. 이럴 때는 비위의 열을 내려주고 음기를 보충하는 한약으로 아이를 차분하게 가라앉히고 식욕을 증진시키는 게 좋습니다.

자기도 모르게 머리카락을 뽑아요

초등학교에 다니는 지혜(여, 10세)는 몇 달 전부터 동전 모양의 탈모 증상
이 생겼습니다. 지혜 엄마는 원형탈모로 생각하고 피부과에 데려갔습니다.
원래 원형탈모는 모근이 안 보이는데, 지혜의 경우 모근은 그대로 남은 채 머
리카락이 뜯긴 형태였습니다.

피부과에서 원형탈모가 아니라 머리카락을 잡아 뜯는 습관인 발모광(발
모벽)으로 보이니 정신과에 한번 가보라는 말을 듣고 저희 병원을 찾아왔습
니다.

지혜는 기질상 경쟁심이 많아서 무조건 1등을 해야 하고, 친구들보다 앞
서야 한다고 생각했습니다. 라이벌로 여기던 친구가 발표대회에서 반대표로
뽑혔는데, 거기에 스트레스를 받아서 머리카락을 뽑기 시작했습니다. 처음엔
머리카락을 손가락에 말아 돌리는 것으로 시작해 나중에는 결국 뽑게 되었습

니다. 머리카락을 뽑는 행동을 스스로 인지하지 못해서 왜 뽑느냐고 물어보면 자기는 그런 적이 없다고 답했습니다.

머리카락, 눈썹, 심할 경우 성기의 털 등을 뽑는 것을 발모광 또는 발모벽이라고 합니다. 발모광은 대개 20세 이전에 발생하는데 특히 5~8세와 13세 정도에 많이 나타나지요. 어떤 사람은 이 시기에 시작해서 몇십 년간 지속되기도 하고, 어떤 사람은 몇 주, 몇 개월 혹은 몇 년 동안 보이다가 없어지기도 합니다.

발모광은 어렸을 때 정서적으로 굶주린 경험이 있는 사람에게서 많이 나타나요. 엄마에게 충분히 사랑 받지 못한 경험 때문에 사람에 대한 애정과 신체접촉에 대한 욕구가 강하지요. 그래서 머리카락을 뽑는 행동을 통해 애정에 대한 욕구를 채우고 혼자 남겨지는 것에 대한 두려움을 줄이고자 합니다.

청소년기에 발모광이 발생하는 경우는 정신과적인 문제와 깊은 관련이 있어요. 반면 소아 때 발생하는 경우는 대부분 엄마에게 충분한 사랑을 받지 못한 것이 원인이므로 엄마가 태도를 바꾸면 빠르게 좋아집니다.

발모광이 있는 아이의 특징은 자존감이 떨어지고 부정적인 감정이 많다는 거예요. 학습이나 친구관계로 인해 스트레스를 받으면 자기도 모르게 몸의 털을 잡아 뜯는 경우가 많아요. 처음에는 머리카락부터 시작해서 심해지면 눈썹을 뽑고, 더 심해지면 몸에 있는 털을 다 뽑습니다.

초기에 원인을 파악해서 약물치료나 심리치료를 하면 잘 낫지만 이미 오래된 습관으로 자리 잡으면 치료하기가 쉽지 않아요. 잠시 나았다가도 스트레스를 받으면 다시 증상이 반복됩니다. 그러므로 발모광 증상이 나타나면 방치하지 말고, 아이가 어떤 스트레스를 받아 이 증상이 생겼는지 파악하고 빨리 개선해 주어야 합니다.

이 질환은 심리치료가 특히 중요합니다. 엄마의 잔소리 때문인지, 학습에 대한 압박 때문인지 원인을 파악해서 해결하고 환경을 바꿔 주세요. 증상 자체에 초점을 맞춘 행동요법도 도움이 됩니다. 스스로 자신의 행동을 조사하고 주의를 기울이게 하거나, 털을 뽑고 싶은 충동이 들 때 다른 행동을 하도록 훈련시켜 보세요. 예를 들어 털을 뽑고 싶은 생각이 들 때마다 내관혈을 집중해서 눌러주거나 손목에 감아 놓은 고무밴드를 튕기는 식이지요.

아이가 학습에 지나치게 부담감을 느끼면 학습에 대한 올바른 가치관을 심어주고, 자존감이 떨어져 있다면 칭찬해 주고 적극적으로 지지해 주세요. 왕따 문제를 겪고 있다면 선생님과 상의하여 그 상황을 빠져나올 수 있게 도와주고, 가해자가 처벌 받도록 적극적으로 조치를 취해 주세요.

발모광이 빠르게 나타나면 5세 때부터 증상을 겪기도 합니다. 본인이 수치스러움을 느껴 사회적으로 고립되기도 하고, 사춘기라면 우울증이 오기도 하지요. 이럴 경우 치료 기간이 길어지고 증상이 반복되기 쉬우므로 아이에게 부정적인 감정이 누적되지 않도록 신경 써 주세요.

자꾸 성기를 만져요

윤호(남, 6세)는 한 달 전부터 고추를 만지기 시작했습니다. 놀면서도 만지고 걸어갈 때도 만지고 장소를 가리지 않았지요. 이런 행동은 밖에 나가면 더 심해졌습니다. 발달상으로 특별한 문제도 없고 학습태도나 친구관계도 좋은 편이었습니다.

1년 전부터 눈을 깜박거리고 손목을 돌리는 틱 증상이 잠깐 나타났다가 없어졌는데, 그 이후 성기를 만지는 증상이 생겼습니다.

방구석에서 두 다리에 힘을 주고 얼굴이 발갛게 된 채로 숨을 몰아쉬며 성기를 만지거나, 어떨 때는 성기를 의자나 침대 모서리 또는 방바닥에 대고 비비면서 흥분하기도 했습니다.

윤호에게 물어보니 특별한 원인은 없었고, 우연히 하다가 기분이 좋아져 반복하다 보니 습관이 된 경우였습니다.

윤호의 행동은 성장하는 과정에서 생길 수 있는 습관적인 행동입니다. 그러나 밖에서 하면 문제가 되므로 교육할 필요가 있어요.

5~6세 자녀를 둔 부모들이 아이가 성기를 만진다며 종종 문의를 해오곤 합니다. 남자는 성기를 만지고 여자는 책상 모서리 같은 데 성기를 문지르거나 힘을 주는 행위를 하지요. 유치원에서 아이들이 자기들끼리 성기를 보여 달라고 하는 행동도 이때 관찰됩니다.

부모는 어른의 관점에서 접근하여 "우리 아이가 자위를 하는 건가요?"라고 묻곤 합니다. 대답은 "아니요."입니다. 이러한 행동은 아이들이 사춘기 때 하는 행동과는 달라요. 사춘기 때는 성적인 행위로 간주할 수 있지만, 이 시기에 아이가 하는 행동은 그냥 하다 보니 기분이 좋아서 계속하는 일종의 '놀이'예요. 아이들이 손가락을 빠는 습관적인 행동과 같은 것으로 볼 수 있습니다. 당연히 정상적인 아이에게서도 나타날 수 있어요.

대부분의 아이들은 6세가 지나면 다른 아이들과 어울려 노는 등 사회성이 생기면서 자위행위를 하는 횟수도 줄어듭니다. 특히 남들이 보는 앞에서 하는 행동은 없어지지요. 그러니 아이가 이런 증상을 보일 때 혼내지 말고 다른 쪽으로 관심을 가지도록 유도해 주세요. 이 문제로 혼내면 아이가 불안을 느끼고 눈을 깜박이거나 손톱을 물어뜯는 등 다른 문제를 야기할 수도 있습니다.

간혹 아이가 어릴 때부터 자위행위를 하면 나중에 성을 너무 밝히거나 성격에 결함이 생길까봐 걱정하고, 아이의 행동에 대해 지나치게 죄책감을 느끼는 부모도 있습니다. 하지만 너무 걱정하거나 죄책감을 느낄 필요는 없어요. 엄마에게 문제가 있거나 혹은 양육을 잘못해서 아이가 자위행위를 하는 것은 아니니까요.

오히려 필요 이상으로 걱정하고 야단치면 좋지 않아요. 아이가 성장하면서 나타나는 자연스러운 행동으로 받아들이면 됩니다. 시간이 지나면서 정서적으로도 좋아집니다.

하지만 다른 놀이에는 관심 없고 지나치게 자위행위에 몰두하는 경우, 말을 잘 알아듣는 아이가 말려도 자꾸 남들이 보는 앞에서 자위행위를 하는 경우, 매일매일 자위행위를 하거나 평소에도 성적인 말을 너무 많이 하는 경우, 자위행위나 성적인 생각이 머릿속에서 떠나지 않아 강박적인 행동을 보이는 경우에는 진료를 받을 필요가 있습니다.

Chapter 2

공부머리 없는 아이, 아이만의 문제일까

공부 못하는 우리 아이, 학습장애일지도 모른다

'학습장애'는 큰 의미의 학습장애와 작은 의미의 학습장애, 두 가지로 구분할 수 있습니다. 일반적으로 큰 의미의 학습장애는 뇌 손상, 정서적 문제 등을 포함해 어떤 원인이든 상관없이 그리고 지능의 높고 낮음과 상관없이 공부를 못하는 것을 말합니다. 작은 의미의 학습장애는 정상지능을 가진 아동이 학업적 기술을 학습하는 데 실패하는 것을 의미하지요. 또한 증상이 나타나는 시점에 따라 발달적 학습장애와 특정 학습장애로 구분하기도 합니다.

발달적 학습장애는 지능이 약간 떨어지는 데서 오며 '학습지진'이라고 합니다. 보통 아이큐가 70~84 정도 되는 경우예요. 예전에 학업지진아로 불리던 아이들이 여기에 해당합니다.

반대로 지능과 특정한 뇌기능에는 아무 문제가 없지만, 스트레스나 부모의 이혼 등과 같은 정서적 환경적인 문제로 인해 공부를 못하는 것을 '학습부진'이라고 합니다. 보통 시험불안, 우울증, 적응장애 등으로 인해 성적이 좋지 않은 경우예요. 이 경우는 예후가 좋아서 심리상담과 약물치료만으로도 바로 고칠 수 있어요. 또한 비효율적으로 공부하거나 공부하는 방법을 몰라서 성적이 좋지 않은 경우도 학습부

진으로 분류합니다.

　머리와 지능도 괜찮고 시각과 청각에도 문제가 없고 정상적으로 학습을 받았는데도 학습에 어려움을 보이는 것을 특정 학습장애라고 합니다. 특정 학습장애에는 크게 읽기장애, 쓰기장애, 산수장애가 있습니다. 이 중에서 가장 많은 것이 읽기장애예요. 쉽게 말해서 난독증입니다.

　학습장애는 확실치는 않지만 뇌손상이나 선천적 발달지연, 학습자극의 결핍, 정서장애 등이 복합적으로 작용하여 발생하는 것으로 알려져 있어요. 또한 뇌성마비, 간질을 앓았거나 미숙아와 저체중 등 출산 후유증이 있었던 아이들은 정상적인 지능을 가졌어도 학습장애가 발생하는 빈도가 높지요. 가족력이 높은 것으로 보아 유전적인 원인도 있는 것으로 보입니다. 결국 학습장애는 학습을 담당하는 뇌의 특정한 영역에 선천적으로 문제가 있어서 발생한다고 할 수 있습니다.

읽기장애, 쓰기장애, 산수장애

　일반적으로 학습장애라고 하면 읽기장애, 쓰기장애, 산수장애를 말합니다. 그중에서 가장 많은 것이 읽기장애입니다. 읽기장애가 있는 아이들은 글자를 정확히 인지하지 못하거나 느리게 읽거나 부정확하게 읽어요. 또한 읽는 순서가 다르다든지 받침을 빼고 읽기도 하고 글의 내용을 제대로 이해하지 못합니다.

특정 학습장애의 80%가 읽기장애인데, 읽기가 안 되니까 공부도 안 되고 읽는 속도도 느리지요. 이 증상은 대체로 초등학교 입학한 후에 드러납니다. 지능이 높은 경우에는 9~10세에도 발견되지 않을 수 있어요. 초등학교 저학년까지 언어치료를 받지 않으면 읽기장애가 지속되므로, 초등학생인데 읽기장애가 의심된다면 언어치료와 특수치료를 받아야 합니다.

두 번째는 자신의 생각을 글로 제대로 표현하지 못하는 쓰기장애입니다. 쓰기장애를 지닌 아이들은 문장의 문법이 틀리거나 구두점을 잘못 사용해요. 또는 필요 없는 글자를 삽입하거나 글씨를 생략하기도 합니다.

초등학교 저학년 시기부터 생각한 것을 글로 표현하는 데 어려움이 있어 간단한 문장을 쓰는데도 문법과 철자를 틀리곤 해요. 언어장애와 읽기장애를 동반하는 경우가 많지요. 대체로 언어장애 진단을 먼저 받고 쓰기장애는 초등학교 입학 후에 나타납니다. 만성적인 우울증, 등교거부나 무단결석, 주의력장애를 동반할 수도 있습니다. 쓰기장애가 있는 아이들은 특수교육을 받는 것이 좋아요. 글씨 쓰는 것이 너무 힘들거나 스트레스를 받으면 타이핑으로 대체하는 것도 괜찮습니다.

세 번째는 잘못된 연산법칙을 사용하거나 수학적 기호를 착각하는 '산수장애'입니다. 이 아이들은 빼기, 곱하기 등 기본 연산을 제대로 하지 못해서 수학 성적이 현저히 떨어지지요. 다른 학습장애나 언어장애를 동반하는 경우도 많아요. 산수장애가 있는 아이들에게도 특수교육이 필요해요. 특수교육을 받지 않거나 집중적으로 특수교육을 받는데도 개선되지 않으면 학습장애가 지속되면서 이차적으로 등교거부, 우울증 등이 생길 수 있습니다.

이처럼 지능은 좋은데 특정 분야의 학업성취도가 많이 떨어지면 특정 학습장애를 의심해볼 수 있어요.

연령에 따라 나타나는 학습장애가 다르다

특정 학습장애를 가진 아이들은 연령에 따라 다른 증상을 보이며, 조기에 해결하지 않으면 평생에 걸쳐 지속되거나 변화할 염려가 있으니 주의해야 합니다.

특정 학습장애를 가진 학령전기(3~6세) 아동은 말소리로 하는 놀이에 대한 흥미가 적고, 동요를 배우는 데 어려움이 있어요. 흔히 아기 말을 사용하는 빈도가 높고, 단어를 잘못 발음하며, 글자 및 숫자나 요일 이름을 기억하는 데 문제를 보이기도 해요. 자신의 이름에 있는 문자를 인식하지 못하기도 하고 숫자 세는 것을 배우지 못할 수도 있어요.

특정 학습장애가 있는 유치원 아이들은 문자를 인식하거나 쓰지 못할 수 있어요. 자신의 이름을 쓰지 못하거나 자기 멋대로 철자를 만들어 쓰기도 해요. 이들은 단어를 음절로 나누는 데 어려움을 겪기도 하며, 음조가 비슷한 단어를 인식하는 데 문제가 있어요. 또한 소리를 글자와 연결 짓는 것을 어려워하고 음소를 인식하지 못하기도 합니다.

초등학교 1~3학년 시기에도 음소의 인식과 처리에 계속 어려움을 겪을 수 있고, 흔히 쓰는 한 음절 단어를 읽지 못할 수도 있어요. 소리와 글자를 연결하는 문제로 읽기 오류를 보이고, 숫자나 글자를 차례로 배열하는 것을 어려워할 수도 있지요. 단순한 연산 값이나 덧셈, 뺄셈 등의 연산 과정을 잘 기억하지 못하니까 읽기나 수학이 어렵다고 불평하며 이를 피하려고 합니다.

초등학교 4~6학년 시기에는 긴 단어나 다음절 단어의 일부분을 빼먹거나 잘못 발음할 수 있고, 발음이 비슷한 단어를 헷갈리기도 해요. 날씨, 이름, 전화번호를 기억하는 데 문제가 있을 수 있고, 숙제나 과제를 정해진 시간 내에 마치는 것에도 어려움을 겪습니다.

중학생이 되면 독해력이 부족한 것을 느낍니다. 읽기가 느리고 부자연스러우며 부정확할 수 있어요. 작은 기능어를 읽는 데도 문제가 있을 수 있고요. 철자가 아주 서툴고 글씨체도 엉망이지요. 단어의 첫 부분은 정확히 인지하지만 나머지 부분은 터무니없이 추측하며, 소리 내어 읽는 것을 두려워하거나 거부하기도 합니다.

고등학생이 되면 단어 해독을 습득할 수는 있지만 읽기는 여전히 느리고 부자연스러워요. 그래서 단어나 본문을 느리게 읽거나 읽는 데 많은 노력을 들여야 하고, 다음절 단어를 발음하는 데 어려움이 있어요. 독해나 쓰기, 단순 연산 값이나 수학적 문제 해결 방법을 습득하는 데 뚜렷한 문제를 보이는 경향이 있습니다.

학습장애에 필요한 심리교육 평가

특정 학습장애는 읽기, 쓰기, 수학에서 성취도가 아이의 나이에 비해 기대수준보다 현저하게 낮을 때 진단을 내립니다. 그래서 진단 시 학습장애가 의심되면 몇 가지 심리교육 평가가 필요해요.

첫 번째, 지능검사를 통해 아이의 지적 수준을 평가합니다. 이때 보통 웩슬러 지능검사를 이용해요. 다만, K-WISC-Ⅳ를 시행하면 전체 지능이 너무 낮게 측정되는 경향이 있어서 GAI라는 지표점수를 기준으로 삼을 수도 있어요.

두 번째, 기초학습기술을 측정하는 학업성취도 검사를 실시합니다. 이때 CLT, RARCP, KOLRA 등의 검사도구를 이용해요. 검사결과가 하위 15%나 표준점수로 7점(평균이 10점) 이하인 경우 해당 기초학습기술에 문제가 있다고 판단합니다.

세 번째, 읽기나 쓰기, 수학 관련 인지과정에 대한 신경심리 검사를 실시하기도 합니다. 지능에 비해 학업성취도가 낮을 때 이것이 외부 환경요인 또는 주의력 부족에 의해 발생한 것인지 문진만으로 판단하기 어려운 경우에 실시합니다.

느릿느릿 의사 표현이 서툴러요

중학교 2학년 연희(여, 15세)는 공부할 때 집중하지 못해 성적이 계속 떨어졌습니다. 학교에 갈 시간이 다가오면 자꾸 배가 아프다고 했지요. 사실 어린아이들은 분리불안, 청소년들은 우울증이 있을 때 자주 배가 아프다고 합니다. 이것은 위장 자체의 문제가 아니라, 스트레스로 인해 소화가 잘 안 되고 배가 아픈 '기능성 소화장애'입니다. 연희는 어렸을 때 자기표현 능력이 없었습니다. 어른이 뭘 물어보면 쭈뼛쭈뼛하면서 말을 잘 못 했습니다. 행동도 느리고 운동신경도 둔했지요.

연희 부모는 혹시 몰라 ADHD 검사를 했는데 ADHD는 아니고 집중력 문제라는 진단을 받았습니다. 중학교에 진학한 이후 연희는 집중력이 훨씬 많이 떨어졌고 사춘기처럼 짜증이 늘었습니다. 의욕도 없고 맨날 피곤하다는 말을 입에 달고 살았지요. 공부뿐만 아니라 만사 귀찮아하는 성향을 보여서 검사해 보니 우울증도 발견되었습니다. 어릴 때 소심하고 어른들을 무서워하는 성향은 있었지만 학교에서 친구와 문제는 없었어요. 그러나 검사를 해보니 자기 주도성이 하나도 없었고 사회성이 미성숙했습니다. 또한 심리적 위축 현상도 심했고 자존감도 엄청 떨어진 상태였습니다.

>> DOCTOR'S SOLUTION >>

이런 아이에게는 어려서부터 생각이나 감정을 표현할 수 있도록 적극적으로 기회를 줘야 합니다. 자신의 의견을 말할 수 있도록 충분히 시간을 주고 기다려 주어야 해요. "네 생각은 어떠니?"라는 질문을 자주 하는 것이 좋습니다. 자기표현을 못 하게 막는다거나 부모가 복종하고 순종하라고 억압하면 안 돼요. 그러면 아이가 주도적인 삶을 살지 못하는 건 물론, 학교에서든 회사에서든 당연히 리더가 되지도 못하겠지요?

아이의 자존감을 세워주는 게 중요합니다. 아이가 공부 외에 좋아하는 것을 찾아 적극적으로 지지해 주세요. 본인이 원하는 것이 무엇인지 찾기가 쉽지 않고 찾더라도 끈기가 없을 수도 있겠지만 지속적으로 끌어내줘야 합니다. 아이 혼자 하는 것보다 부모가 함께 하면 더욱 좋아요. 친한 친구가 있으면 같이 짝지어 주는 것도 방법입니다. 자기 주도적인 면이 없는 아이들은 채찍과 당근으로 이끌어야 합니다. 끌어도 주고 밀어도 주어야지 "네가 혼자서 해봐."라고 바로 떠밀면 하다가 그만둬 버릴 수도 있어요.

이런 아이들은 대부분 기질적으로 반응이 느리고 신체적 에너지도 약합니다. 체질에 맞으면 기운을 끌어올려주는 인삼이나 녹용을 사용해도 됩니다. 행복함을 느끼게 해주는 신경전달물질인 도파민이나 세로토닌이 분비되도록 운동하는 것도 좋아요. 운동도 정적인 것보다는 배드민턴, 탁구처럼 부모와 아이가 함께 할 수 있는 동적인 운동을 권합니다. 30분 정도 가볍게 땀이 살짝 나는 유산소 운동 위주로 할 것을 추천합니다. 지나치게 땀을 많이 흘리면 오히려 탈진하고 체력이 떨어져서 우울증이 심해질 수도 있거든요.

연희는 결국 우울증이 개선되면서 집중력이 좋아지고 성적도 올랐습니다. 가장 좋았던 것은 표정이 밝아지고 목소리에 힘이 생겼으며, 이와 더불어 자신감이 생겼다는 것입니다.

직설적이고 융통성이 없어요

　초등학교 6학년 민재(남, 13세)는 공부를 못하고 친구가 없다는 이유로 병원을 찾았습니다. 초등학교 2학년 때는 제법 공부를 잘했는데 3학년이 되면서부터 갑자기 성적이 많이 떨어졌습니다. 친구들과 관계에서도 갑자기 문제가 생겼고, 괴롭히는 친구가 있어서 자존감이 많이 떨어진 상태였습니다.

　상담해 보니 나이에 비해 어리게 행동하는 것과 사회성이 떨어지는 것이 문제였습니다. 친구들과의 갈등 상황에서 적절히 대처해야 하는데, 과잉반응을 보이며 충동적이고 공격적으로 문제를 해결하려 했지요. 한 마디로 살짝만 놀려도 과하게 반응했습니다. 이를테면, 친구가 지나가다가 반갑다고 툭 건드리면 자신을 때렸다고 생각해 쫓아가서 보복하는 식이었지요.

　민재는 5세가 되어서야 문장을 구사하는 게 가능할 정도로 한글을 무척 늦게 깨우쳤습니다. 어릴 때 심하게 떼를 쓰고 폭력적이었으며, 말을 험하게 하고 행동도 거칠어서 엄마한테 자주 혼났습니다. 손톱을 깨무는 습관이 있고 긴장하면 소변을 자주 봤습니다.

기질이 까칠하고 공격적이어서 그런 행동을 보였다기보다는 상대방이 말하는 것을 잘 이해하지 못하니 불안하고 억울했던 것이지요. 영어를 못 하는 사람이 외국에 나가면 영어울렁증이 생기듯, 민재의 공격적이고 폭력적인 성향도 같은 맥락이었습니다. 학습장애는 흔히 ADHD를 동반하는데 그런 증상은 없었습니다.

>> DOCTOR'S SOLUTION >>

민재는 단순하고 직설적인 언어를 구사하거나 이해하는 데는 문제가 없었지만 은유나 비유, 화용언어를 구사하는 데 어려움을 겪었습니다. 화용話用언어란 상대방의 표정과 제스처, 억양, 목소리 톤에 따라 달라지는 말의 내용을 이해하고 대화를 유지하는 언어능력입니다. 똑같은 말도 톤과 액션에 따라 의미가 달라지는데, 대화의 70~80%는 말의 내용보다는 이와 같은 비언어적인 행동에 의해 의미가 결정되지요.

화용언어 구사에 문제가 있으면 표현할 때 직설적이고 융통성이 없어요. 그러면 문장에 내포된 정보를 이해하는 데 어려움이 있고 문맥의 의미보다는 개개 낱말의 의미에만 치중하게 됩니다. 또 상대방의 표정이나 강세, 억양 등에 전달되는 비언어적인 의도를 파악하기도 어렵지요. 이처럼 언어발달이 늦으면 단순히 대화하는 데는 별문제가 없더라도, 나중에 화용언어를 이해하는 능력이 떨어지기 때문에 또래와의 관계에서 어려움이 생길 수 있습니다.

민재의 증상은 언어와 관련된 능력이 선천적으로 떨어져서 일어났다고 할 수 있습니다. 고학년으로 갈수록 추상적이고 복잡한 언어를 사용해야 하는데 그런 능력이 부족했던 것이지요. 그래서 학년이 올라갈수록 성적도 떨어진 거였고요.

민재에겐 '불안을 덜어주는 약'과 '기다려주는 대화법'이 필요했습니다. 민재 같은 아이에겐 재촉하지 말고, 읽고 말하고 자기 의견을 낼수 있도록 충분히 시간을 줘야 해요. 천천히 말해야 알아들을 수 있는 외국어를 처음 배우는 사람처럼 대해야 합니다. 부모가 아이를 마치 한국에 온 지 얼마 안 된 외국인을 대하듯이 적극적으로 지지하며 기다려줘야 하지요. 나이가 어리면 언어치료를 권유합니다. 이런 아이들은 사회성을 키워주는 사회기술 훈련도 필요해요. 주로 소아심리학과 특수교육을 전공한 상담심리사와 교사가 담당합니다. 그리고 우울과 불안처럼 이차적으로 오는 정서 문제도 치료해야 합니다.

만약 유치원 때 이러한 증상이 왔다면 언어치료와 함께 뇌 발달을 돕는 치료를 병행해야 합니다. 그러나 민재처럼 초등학교 6학년 정도되면 뇌 발달이 거의 끝나 버립니다. 아이의 치료는 빠르면 빠를수록 좋다고 누누이 이야기하는 이유가 바로 여기에 있어요. 민재 같은 경우에는 오히려 증상이 나빠져서 우울증, 반항장애, 품행장애로 발전하지 않도록 신경 써야 합니다. 이런 증상까지 동반하면 '등교거부증'까지 생길 염려가 있어 공부는커녕 학교에 가는 것만으로 감사하게 될 것입니다.

이런 아이들은 직업을 택하더라도 사람을 상대하는 영업직보다는 웹프로그래머, 회계사처럼 혼자 파고드는 직업을 택하고 그것에 맞게 인생을 설계하는 것이 좋습니다.

특정 학습장애가 있는 아이에게 공부 스트레스는 금물

학습장애인 줄도 모르고 공부하라고 다그치면 아이는 스트레스를 많이 받습니다. 엄마가 책 읽을 때 불안해하는 아이를 압박하면 우울증에 반항장애까지 올 수 있어요.

특정 학습장애가 있는 아이들은 특수교사들이 주로 맡아서 반복적으로 교육하는데, 언어치료 및 학습치료와 함께 눈동자를 빨리 굴려 빠르게 글을 읽는 훈련을 시키거나 시지각 훈련과 같은 신경학적 치료를 병행합니다. 이것이 1차 치료입니다. 난독증에는 음운인식능력 훈련, 체계적인 발음중심교수, 해독훈련, 철자법지도, 유창성 훈련이 결합된 치료교육이 가장 효과적이에요.

2차 치료는 심리치료사나 의사가 약이나 심리치료를 보조적으로 제안합니다. 이때 인지반응과 인지기능을 향상시키는 한약을 처방해도 뇌 발달에 도움이 돼요. 한약처방 중에는 과학적으로 뇌 신경세포의 성장을 돕고 기억력, 집중력 등 인지능력을 향상시킨다고 밝혀진 한약들이 많으므로 적절히 활용하면 좋은 효과를 볼 수 있습니다.

학습장애는 조기에 발견하여 집중적인 치료교육을 적절히 실시하면 대부분 극복할 수 있거나 어려움을 최소화할 수 있어요. 늦어도 10세 이전에 치료를 받는 것이 좋아요. 학습장애가 있는 아이들에게는 학교에서 시험시간을 연장해 주거나 구두로 시험을 치르게 해 주거나, 혹은 계산기를 사용할 수 있도록 허가해 주면 학습기술의 발달도 촉진되고 학교에 적응하는 데도 도움이 됩니다.

공감 능력과 사회성이 떨어져요

중학교 1학년 예지(여, 14세)는 중학교에 입학하면서부터 성적이 떨어졌습니다. 공부하기 싫어하는 것은 물론 매사에 의욕이 없고 무기력했습니다. 엄마가 잔소리를 하면 심하게 짜증내거나 욕하면서 문을 쾅 닫고 방에 들어가 버리는 등 공격적인 행동을 보였습니다.

예지는 어렸을 때 소근육과 대근육 발달이 느렸고 운동하기를 싫어했습니다. 미술 시간에 색칠하기를 하면 자꾸만 선 밖으로 색칠이 벗어났습니다. 도형을 쌓고 퍼즐을 맞추는 것도 다른 아이들보다 늦었고, 문제해결 능력도 떨어졌습니다. 초등학교 때까지는 성적이 중상위권이었기에, 부모는 설마 아이에게 학습장애가 있을 거라고는 생각해 본 적도 없었습니다. 당연히 지능이나 학습의 문제로도 생각하지 않았지요.

그러다가 예지가 4~5학년 때 학교에서 1년 정도 왕따를 당해서 어쩔 수

없이 전학을 보냈습니다. 이것은 사회기술력이 부족하다는 방증이었지요. 중학교에 입학한 뒤로 성적까지 확 떨어지자, 그제야 부모가 문제를 인식하고 예지를 병원에 데리고 왔습니다.

예지는 중학교에 입학한 후 단순한 암기 이상의 사고를 요하고 이해력이 필요한 문제를 푸는 것이 힘들었습니다. 하지만 엄마는 그런 사정을 모르고 "초등학교 때는 잘하다가 왜 그러니?"라며 계속 잔소리를 했지요. 엄마와 사이가 나빠지니 반항이 시작되었습니다.

치료실에서 만난 예지는 "가슴이 답답해서 죽겠다.", "엄마 잔소리 때문에 돌아버리겠다."라고 호소했습니다. 일종의 화병이었습니다. 지능검사를 해보았더니 IQ 74가 나왔습니다. 원래 그것보다는 높은데 동기부여가 떨어진 상태라 더 안 좋게 나왔던 것이지요. 언어성 지능과 동작성 지능의 차이가 25점 이상이면 뇌신경학적으로 문제가 있다고 보는데, 예지의 경우 언어성 지능은 97, 동작성 지능은 52로 시각적 능력과 동작성 능력이 좋지 않았습니다.

>> DOCTOR'S SOLUTION >>

읽기장애를 신경심리학적으로 분류하면 언어성 학습장애와 비언어성 학습장애로 나뉩니다. 읽고 글자를 이해하는 능력은 왼쪽 뇌가 주로 담당해요. 지능검사에서는 11~12개 정도의 소검사를 실시하는데, 그중 6개는 언어와 관련된 언어성 지능을 평가합니다. 나머지 5~6개 항목은 시각이나 공간을 이해하는 동작성 지능을 평가하고요. 이 두 가지를 합쳐서 IQ라고 합니다. 이때 중요한 것은 IQ 자체가 높은 것보다는 특정 부분의 점수가 현저하게 낮은지를 살펴보는 거예요.

모든 소검사 항목이 일정 수준 이상으로 높아야 학습능력, 추상적 사고 능력, 추론하는 능력 등이 골고루 높다고 할 수 있습니다. 그렇지 않으면 복잡하고 고차원적인 문제를 해결하는 실행능력이 떨어집니다. 예를 들어 암기력은 뛰어난데 공간을 이해하는 능력이 떨어지면 실제로 학년이 올라가면서 학습능력이 많이 떨어지지요.

학습장애가 있는 아이들에게 지능검사를 하면 주로 언어성 지능이 굉장히 낮게 나와요. 이를 언어성 학습장애라고 합니다. 동작성 지능이 떨어지는 경우에도 지능검사가 낮게 나오는 경우가 있는데, 이를 비언어성 학습장애라고 합니다.

ADHD나 틱이 있으면 동작성 지능이 떨어지는 경우가 많아요. 말은 정말 잘하는데, 비언어적인 부분에서 문제를 보이는 경우가 그렇습니다. 비언어성 학습장애는 공식적인 의학 명칭은 없지만, 임상을 하다 보면 이런 유형을 종종 봅니다. 아스퍼거 성향이 있지만 그보다는 증상이 가볍고, 그렇다고 정상이라고 보기에는 무리가 있는 경우지요.

아스퍼거와 성향이 비슷한데 아스퍼거 진단이 나오지 않을 경우 비언어성 학습장애를 의심해 볼 필요가 있어요. 학습장애를 가진 아이의 10%가 비언어성 학습장애로 진단되는데, 이 아이들은 다른 사람과 공감하는 능력이 낮아서 사회성이 부족한 경우가 많아요. 그래서 예전에는 사회성 학습장애라고 부르기도 했습니다.

비언어성 학습장애의 특징은?

비언어성 학습장애를 진단할 때 ADHD와 헷갈릴 수 있어요. ADHD는 과잉행동과 충동성의 문제이고, 비언어성 학습장애는 운동 기술이나 공간지각력이 떨어지며 사회적 관계에 어려움을 겪는 경우입니다. 결정적으로 ADHD는 모든 분야에 집중력이 떨어지는 데 비해, 특정 학습장애는 산수와 같은 특정 분야의 집중력만 떨어집니다. 예를 들어 언어적인 능력은 뛰어나지만 수학은 못하는 경우가 많지요. 비언어성 학습장애가 단독으로 오면 ADHD와 구분이 필요하지만, 보통은 이 두 가지가 같이 오는 경우가 많습니다.

예지의 증상은 오른쪽 뇌 발달이 완전히 이루어지지 않아 시지각, 시공간적인 정보전달체계 기능에 장애가 생겨 나타난 것입니다. 어릴 때 적절히 치료했으면 괜찮았겠지만, 안타깝게도 이미 시간이 많이 흘러서 어쩔 수 없는 상태였지요.

아이가 공부에 재능이 없다면 부모는 그 사실을 받아들이고, 아이가 관심 있는 분야를 찾아주고 적극적으로 지지해 주어야 해요. 계속 공부하라고 강요하면 학교를 안 가는 반항품행장애를 보이거나 우울증이 심해집니다. 그리고 사회적 관계에 문제가 있으면 친구관계를 회복하도록 도울 필요도 있어요. 사회기술훈련이나 필요할 경우 심리치료를 병행하면 도움이 됩니다.

가장 중요한 것은 자신의 문제를 이해하고 이야기를 들어주는 사람의 존재예요. 부모가 못하면 청소년 상담사(심리상담사)나 학습지도 선생님을 구할 필요가 있어요. 이 아이들은 사회적 관계를 형성하는 데 어려움을 겪기 때문에 친구를 많이 사귀기보다 속마음을 털어놓고 이해해 줄 수 있는 한두 명의 친구가 더 절실합니다.

예지 같은 아이들은 어려서부터 친구 사귀는 것을 힘들어해요. 친구를 사귀어도 금방 헤어지기 때문에 엄마가 친구를 만들어주려고 많은 노력을 기울이지요. 그래서 아이들 모임에 자주 데려가서 어울리게 하는 경우가 흔한데, 여기서 주의해야 할 점이 있습니다. 낯선 아이들이 많은 모임에 아이를 바로 끼워 넣는 것은 좋지 않다는 거예요. 아이가 불안해하거나 놀림이나 따돌림을 당할 수도 있기 때문이에요. 처음에는 엄마들끼리 사이가 좋은 한두 명의 소그룹 모임에 참여하는 것이 좋습니다. 여기서 아이들과 어울리는 방법을 배우고 친구를 사귀는 것이지요. 이후 아이가 자신감을 가지면 차츰 인원수를 늘려가면 됩니다.

Chapter 3

불안은
아이의 마음 성장을
위협한다

불안은 왜 생기는가?

똑같은 상황이고 똑같은 대상인데 어떤 사람은 크게 불안해하고 어떤 사람은 무덤덤합니다. 그 차이는 불안을 느끼고 조절하는 뇌의 편도체에서 생깁니다. 사람이 불안하거나 공포를 느끼면 편도체가 흥분하는데, 잘 흥분하는 편도체를 가지고 태어난 아이들은 선천적으로 불안감을 잘 느끼지요.

사실 선천적으로 그렇게 태어났어도 성장하면서 보완이 되기도 합니다. 그러나 계속 불안한 환경에 노출되면, 정상적인 편도체를 가지고 태어났어도 예민한 편도체로 바뀌어요. 아이가 학대를 받거나 결손가정에서 자라거나 양육자가 계속 바뀌는 환경에 노출되면 이럴 수 있습니다.

가장 심한 경우는 선천적으로 불안에 민감한 편도체를 가졌는데 환경까지 안 좋은 경우예요. 반대로 예민한 편도체를 가졌어도 좋은 환경에서 안정적인 돌봄을 받으면서 성장하면 불안이 없어지기도 합니다.

아이는 3세 전에는 엄마와 떨어지면 불안을 많이 느끼지만, 4~5세가 되면 엄마와 떨어져도 엄마가 다시 돌아올 것을 알아서 덜 불안해합니다. 불안한 상황일 때도 이성적으로 판단하도록 전전두엽이 조절해 주기 때문이에요. 이렇듯 전전두엽은 불안한 상황을 이성적으로 파악하고 통제하는 능력을 담당해요. 인지행동치료는 바로 본인이 상황을 통제하고 있다고 느끼면 불안이 감소하는 이러한 원리를 이용한 것입니다.

특히 공포를 담당하는 편도체가 지나치게 흥분되지 않게 조절하는 것은 내측 전전두엽인데 이것이 손상되면 공포를 해소하는 능력이 줄어들어요. 건강한 사람에게 공포를 유발하면 공포를 조절하기 위해 내측 전전두엽이 활성화되지만, 불안장애 환자의 경우엔 내측 전전두엽의 활동이 활성화되어 있지 않아요. 그래서 불안한 상황에 처하면 과잉대응을 하게 된답니다.

엄마와 떨어지는 걸 힘들어해요

초등학교 2학년 소담이(여, 9세)는 어려서부터 낯을 많이 가렸습니다. 작은 환경 변화에도 예민하게 반응하고, 새로운 환경에 처했을 때 엄마가 없으면 쉽게 긴장하고 위축되었습니다. 또한 밤에도 잠을 잘 못 자고 깜짝깜짝 잘 깼습니다.

소담이는 4세 때부터 어린이집을 다녔는데, 분리불안 증상이 있어서 엄마와 떨어지는 데 어려움을 겪었습니다. 어린이집에서도 선생님이 바뀌거나 음식이 바뀌면 무서워하고 적응하기 힘들어했습니다.

소담이가 초등학교 2학년 때 엄마와 함께 집 근처 공공도서관에 간 적이 있습니다. 엄마가 "잠깐 도서관에서 기다려. 금방 차에 갔다 올게." 하고 잠시 자리를 비웠는데, 소담이는 그 10분 동안 엄마를 찾으러 울면서 도서관을 헤매고 다녔습니다. 이 10분간의 공포가 트리거—트라우마로 발생하는 다양한 신체적·심리적 기폭제—로 작용해 트라우마가 생겼습니다.

그 뒤로 소담이는 학교에 가서도 엄마를 찾아 울고불고 난리가 났습니다. 선생님이 수업 중에 소담이가 엄마를 찾으며 울어서 수업을 진행할 수 없다고 했고, 그 뒤로 혼자서 학교를 가지 못하는 등교거부증이 나타났습니다. 등교 전 아침마다 배가 아프다고 해서 2주 정도 놀이치료를 받았음에도 차도가 없어서 내원한 사례였습니다.

>> DOCTOR'S SOLUTION >>

분리불안장애는 주로 엄마인 애착자와 떨어질 때 불안해하며 이상한 행동을 하는 것입니다. 전문가들은 엄마와 떨어져도 되는 시기를 36개월 이후로 권유합니다. 너무 어릴 때 어린이집에 보내면 분리불안장애가 올 확률이 높기 때문이에요.

어린이집에 잘 다니다가도 어떤 계기로 인해서 엄마와 떨어지는 걸 힘들어하기도 합니다. 분리불안장애는 대부분 크면서 좋아지지만 백 명 중 한 명은 청소년기까지 지속되기도 해요. 그리고 어릴 때 분리불안장애를 앓으면 성인기에 공황장애를 앓을 가능성이 보통 사람보다 높습니다.

소담이 같은 아이들은 강하게 키우려고 일부러 엄마와 분리하지 말고, 조금 더 애착이 강해질 수 있도록 해주는 게 좋아요. 그동안 잠을 따로 잤다면 당분간 같이 자는 것도 괜찮아요. 헤어질 때는 언제 데려올지 알려주고, 엄마가 잠깐 자리를 비울 때는 엄마를 생각할 수 있는 물건, 예를 들어 손수건이나 열쇠고리 등을 손에 쥐여주세요.

가끔 아빠들 중에서 강하게 키운다고 양육자와 아이를 매몰차게 분리하려고 하는데 좋지 않습니다. 아이에게 중요한 것은 현재 환경에서 불안을 느끼지 않도록 해주는 거예요. 부모와 애착이 정상적으로 형성되어 불안을 이겨낼 수 있는 자제력이 생겼을 때 점차 분리하는 것이 좋아요.

그리고 분리불안이 있어서 등교를 거부하더라도 학교는 무조건 보내야 합니다. 아이 말을 들어주느라고 학교에 진짜 안 보내면 안 돼요. 그러다가 나중에 진짜 안 가는 수가 있으니까요. 학원은 불안이 없어질 때까지 당분간 쉬는 게 좋습니다.

분리불안이 있으면 학교를 가지 않으려고 합니다

어떤 원인에 의해 유치원이나 학교를 가지 않으려고 하는 것을 등교거부증이라고 합니다. 등교거부증이 생기는 이유는 다양하지만 아이들의 경우에는 대부분 분리불안, 학교공포증, 우울증 등으로 인해 발생합니다. 가장 먼저 분리불안으로 유치원이나 초등학교 1, 2학년 때 가기 싫어하는 경우를 들 수 있지요. 분리불안이 있는 아이들은 유치원 버스를 탈 때 울고 떼쓰며 안 가려고 합니다. 엄마와 떨어지기도 싫을뿐더러 '자기가 없는 동안 엄마가 자신을 버리면 어떡하지? 엄마에게 무슨 일이 생겨서 헤어지면 어떡하지?' 하는 불안감을 느끼기 때문이에요.

이렇게 불안감을 느끼는 아이는 아침에 안 일어나려고 하거나, 밥을 안 먹거나, 필요한 준비물을 안 챙기거나, 굼뜨게 느릿느릿 움직이며 집을 나서는 시간을 지연시키는 특징을 보입니다. 아이가 이런 행동을 보이면 엄마가 몇 시에 데리러 갈 건지 미리 알려 주고, 손수건이나 열쇠고리처럼 엄마의 체취가 담긴 물건을 아이에게 쥐여 주어 안심시켜 주세요.

등교거부증이 100% 분리불안장애 때문에 오는 것은 아니에요. 청소년기에 오는 등교거부증은 우울증이나 품행장애 때문에 오는 경우가 많습니다. 중학생이 되어서 학교를 안 간다고 버티는 아이들은 우울증이거나 ADHD가 반항이나 품행장애로 발전한 케이스입니다. 이런 증상이 심해지면 무단결석으로 이어지기도 해요.

학교공포증은 학교 가는 것을 무서워하는 증상입니다. 시험기간이나 발표할 때 평가 받는 게 무서운 아이, 평상시에는 괜찮은데 발표나 수행평가를 할 때 안 가려는 아이, 선생님이 지적하는 것을 무서워하거나 애들이 괴롭히거나 왕따를 당해서 학교를 무서워하는 아이가 주로 겪지요.

등교거부증이 왔다고 해서 결석하는 것은 좋지 않습니다. 학교에 안 가는 것을 당연하게 여기면 나중에 정말 보내기 힘들어지므로 습관이 안 되게 하는 것이 중요해요. 약을 먹으면 불안감은 줄어들지만 가장 시급한 치료는 원인 제거입니다.

불안요소를 먼저 해결해야 하는데 그러려면 부모의 적극적인 개입이 필요합니다. 원인을 제거하더라도 그동안의 트라우마나 후유증을 극복하지 않으면 아이는 계속 불안해해요. 학교에서 자신을 괴롭히던 사람을 보면 다시 공포를 느낄 수도 있고요. 아이가 자존감을 회복하고 불안으로 인한 공포를 떨칠 수 있도록 지지해 주는 심리상담은 물론, 증상이 심하다면 불안과 공포 억제를 도와주는 약물치료까지 적극적으로 개입해서 도와주어야 합니다.

애어른처럼 걱정이 많아요

초등학교 6학년 승재(남, 13세)는 5세 때 엄마와 떨어지는 경험을 한 이후 약간의 분리불안 증세를 겪게 되었습니다. 어느 날 저녁을 먹고 러닝머신 위에서 뛰다가 갑자기 심장이 비정상적으로 빨리 뛰어서 죽을 것 같은 느낌을 받고 급히 응급실에 갔습니다. 한 시간 정도 진정하니 괜찮아져서 집에 돌아왔습니다.

일종의 공황발작이었는데 이런 증상이 계속 반복되면 공황장애가 옵니다. 승재는 공황장애가 올지 모른다는 불안감에 자꾸 병원에 가게 되었고, 인터넷을 검색한 뒤 스스로 공황장애라는 진단을 내렸습니다. 그러고는 엄마한테 "나 공황장애니까 정신과에 갈래."라고 말해서 한 달 정도 정신과 약을 먹다가 부작용이 생겨서 중단했습니다.

거기에다 건강염려증까지 생겼습니다. 강아지가 살짝만 긁어도 광견병에 걸린다고 하고, 생선 가시 때문에 죽은 사람이 TV에 나오면 그때부터 생선을 못 먹었으며, 해파리에 쏘여서 사고가 날까봐 바다에 안 가고, 조금만 배가 아프면 암에 걸린 것 같다고 했습니다.

엄마가 별거 아니니 괜찮다고 하면 자기 말을 안 들어준다며 화를 내고 떼를 썼습니다. 뿐만 아니라 혼자 자다가는 자신이 죽을 수도 있으니 엄마, 아빠와 함께 자야 한다고 고집을 부리는 분리불안증까지 생겼습니다.

>> DOCTOR'S SOLUTION >>

일상생활에서 지나치게 불안해하거나 걱정하는 것을 범불안장애라고 합니다. 예전에는 과잉불안장애라고도 했지요. 범불안장애가 있는 아이들은 자기가 걱정하는 것을 통제할 수 없다고 느껴요. TV에서 자동차 사고에 대한 뉴스를 보면 자동차를 타지 않으려고 하고, 심장이 조금이라도 빠르게 뛰면 심장 이상으로 죽지는 않을까 하는 걱정에 휩싸입니다. 또 자신의 능력을 과소평가하고 시험을 잘 못 보거나 다른 사람의 기대에 어긋나지는 않을지 지나치게 걱정해요. 이러한 불안에는 근거가 없다고 아무리 설명해도 납득하지 못하고, 여러 번 반복해서 확인하고 알아봅니다.

뿐만 아니라 불안과 걱정으로 인해 손톱을 물어뜯거나 머리카락을 잡아당기는 등 초조할 때 나타나는 습관적인 행동을 보여요. 불안에 대한 지나친 반응은 교감신경계를 흥분시켜 다양한 신체적 증상을 불러오지요. 예를 들어 가슴이 심하게 두근거리고, 숨이 차고 어지러우며, 머리가 아프고 근육이 굳어지거나 손발이 저리고 얼굴과 가슴이 화끈거립니다. 어떤 아이들은 소변을 자주 보거나 지리기도 하며 집중력이 떨어지고 주의가 산만해지기도 해요.

매사에 불안한 범불안장애

불안에 민감한 아이는 언뜻 보면 조심성이 많고 성숙해 보이며 완벽주의적인 경향이 있어요. 그래서 부모는 성격 탓이려니 하고 그냥 지나치기 쉽지요. 하지만 아이가 매사에 쓸데없이 걱정하고 사소한 일에도 지나치게 불안해하며, 이로 인해 불안한 행동과 여러 가지 신체적 증상을 보이면 전문가의 상담이 필요하다는 것을 기억해야 합니다.

승재 같은 아이에게는 불안이 발생하는 원인을 명확하게 설명해 주어야 합니다. "네가 느끼는 불안은 막연한 거야. 의지가 약하고 겁이 많아서 불안한 게 아니란다. 너는 뇌에서 불안을 조절하는 부위가 원래 민감한데, 뇌가 성장하는 과정에서 스트레스를 받아 더 민감해져서 불안을 느끼는 거야."라고 말해 주세요. 공포와 불안을 조절하는 편도체가 작고 예민하면 더 그렇습니다.

사실 아이가 느끼는 불안은 근거가 없기 때문에 어떠한 설명이나 설득도 소용없습니다. 아이는 여러 번 반복해서 확인하고 알아보는 행동을 멈추지 않지요. 그렇더라도 의사는 확실한 어조와 태도로 아이에게 반복해서 설명하며 확신을 주어야 합니다. 집에서도 마찬가지예요. 아이는 불안하니까 반복해서 부모에게 확인하고 대답을 요구합니다. 그럴 때마다 밝은 얼굴과 힘있는 어조로 아이에게 긍정적으로 대답해 주세요.

가끔 보면 아이에게 "네 정신력이 약해서 그래, 의지가 약해서 그래, 겁이 많아서 그래, 정신력으로 극복해 봐, 다른 애들은 괜찮은데 너는 왜 극복을 못 해?"라고 다그치는 부모가 있습니다. 이렇게 말하면 절대 안 됩니다. 아이의 무능력과 무력감을 언급하지 말고 공감하고 격려해 주세요.

아이가 불안을 느끼면 교감신경이 흥분되어 나타나는 신체 증상으로 인해 불안감이 더 심해질 수 있어요. 신체 증상은 건강염려로 이어져 불안감을 높이고, 이것이 다시 교감신경을 흥분시키면서 신체 증상을 악화시킵니다. 이러한 악순환이 반복될수록 불안 증상은 더욱 심해집니다. 이때는 교감신경을 안정시키고 신체 증상을 줄여주는 약물치료가 필요해요.

불안감이 높은 아이들은 뇌에서 지나치게 흥분한 뇌파가 많이 나옵니다. 뇌가 안정되었을 때는 9~12Hz의 알파파가 많이 나오고, 과제에 집중하거나 흥분할 때 13~30Hz의 베타파가 많이 나오는 것이 정상이지요. 그런데 불안한 아이들은 평소 뇌에서 20~30Hz의 하이베타파가 많이 나와요. 이런 아이들의 뇌는 안정되지 않고 항상 흥분되어 있으며 스트레스와 같은 자극에 쉽게 불안해집니다.

불안감이 높은 아이들에게는 뇌파를 안정시키는 뇌파 훈련 치료방법이 도움이 됩니다. 이 치료방법을 '뉴로피드백' 또는 '생기능자기조절훈련'이라고 해요. 특히 우울증, 불안증과 같은 정서 문제를 해결해 줄 뿐만 아니라 ADHD, 학습장애에도 효과적이에요. 예를 들어 불안 증이 있는 아이들은 하이베타파를 줄이고 알파파를 늘려주는 뇌파 훈 련을 합니다. 그리고 ADHD와 학습장애가 있는 아이들은 4~8Hz의 세타파를 줄이고 15~18Hz의 중간 베타파를 늘리는 훈련을 하지요.

더불어 아이의 예민함을 잡아줄 운동과 올바른 생활습관을 찾아줘 야 합니다. 막연한 불안감을 없애주고, 당장 없어지지는 않더라도 고 칠 수 있고 변화될 수 있다는 걸 전제하고 함께 극복하자고 힘을 북돋 워 주세요.

치료 초기에는 가능하면 불안과 공포를 유발하는 환경에 노출시키 지는 않는 것이 좋아요. 아이가 무서운 영화나 뉴스를 보지 않도록 하 고, 부정적이거나 불안한 용어를 사용하지 않도록 유의하세요. 아이 가 계속 불안해하더라도 끈기 있게 이야기를 들어주세요. 지금 당장 은 변화가 없어도 좋은 방향으로 가고 있다고 격려와 칭찬을 아끼지 마세요. 불안이 차츰 줄어드는 것 같으면, 불안을 유발하는 대상에 조 금씩 노출시켜 견딜 수 있는 힘을 키워주세요.

그리고 부모가 아이에 대한 기대가 지나치게 많거나, 가족 내 갈등 이 심해 불안을 유발하거나, 부모 자신이 걱정이 많은 경우에는 부모 도 함께 상담 받는 것이 좋습니다. 평소 아이를 잘 관찰해서 지나치게 긴장되고 불안한 행동을 보이면 초기에 치료하는 것이 가장 중요해 요. 치료시기를 놓치면 어른이 되어서도 범불안장애가 지속되거나 사 회공포증, 우울장애로 진행될 수 있습니다.

트라우마 때문에 반려동물을 싫어해요

초등학교 1학년 연지(여, 8세)는 3세 무렵부터 부모가 별거를 시작했고, 별거하는 동안 6개월 정도 엄마가 아이를 돌보지 못했습니다. 별거가 끝나고 시댁에서 아이를 다시 데리고 왔는데, 그 후 엄마를 자주 무서워했고 엄마가 불을 끄고 자려고 하면 무서워서 자기 싫다고 했습니다.

3개월 정도 흐르는 동안 엄마가 연지를 예뻐해 주었더니 "엄마가 무서워."라는 말은 사라졌습니다. 5세 때 엄마가 수술하느라고 한 달 정도 연지를 외할머니에게 맡겼는데, 그 뒤로 엄마가 옷만 갈아입어도 "엄마 어디 가?" 하며 혼자 있기를 싫어하는 등 분리불안 증세를 보였습니다. 엄마가 자기를 버렸다고 생각하는 애착 문제가 생긴 듯했습니다.

유치원은 그럭저럭 잘 다녔지만, 초등학교에 입학하고 나서 하교하다가 목줄 풀린 큰 개가 자신을 향해 달려드는 경험을 하게 되었습니다. 그 뒤로 개만 보면 겁을 내고 비명을 지르며 자지러져 꼼짝도 못하고 얼어 버리는 행동을 보였습니다.

학교에 갈 때도 개를 마주쳤던 집을 피해 가느라 빙 돌아가고, 작은 개만 봐도 꼼짝 못 하고 얼어붙는 행동을 반복했지요. 개를 지나치게 겁내는 특정공포증이 생긴 것입니다. 애착형성이 잘 안 되었거나 분리불안이 있으면 엄마가 자신을 떠나는 꿈을 자주 꾸는데 연지가 그랬습니다. 집에서도 엄마하고만 있으려고 하고 분리불안처럼 퇴행하는 행동이 개 사건으로 인해 한층 심해졌습니다.

>> DOCTOR'S SOLUTION >>

개, 고양이, 곤충, 천둥, 어둠, 폐쇄공간처럼 특정 대상과 환경 또는 상황을 두려워하거나 무서워하는 것을 특정공포증 혹은 단순공포증이라고 합니다. 특정공포증은 단순히 무서워하는 것을 넘어, 일상생활에 심각한 지장을 초래할 정도로 공포감이 큰 것을 가리키지요. 공포를 느끼는 대상에 따라 다음 5가지 유형으로 나뉩니다.

첫 번째는 파충류, 쥐, 벌레, 곤충, 개, 고양이 등에 공포를 느끼는 '동물형'입니다. 아이들에게 가장 많이 나타나며 다른 공포증에 비해 일찍 시작됩니다.

두 번째는 폭풍, 높은 곳, 물과 같은 자연환경에 공포를 느끼는 '자연환경형'입니다. 많은 사람들이 겪는 고소공포증이 여기에 해당해요.

세 번째는 피를 보거나 주사를 맞거나 기타 찌르는 검사에 대한 공포를 느끼는 '혈액/주사/상해형'입니다. 이 공포증을 가진 아이들은 의사를 보는 것 자체를 피하려고 들기 때문에 문제가 심각해질 수 있어요.

네 번째는 대중교통, 터널, 다리, 엘리베이터 및 폐쇄된 공간에 공포를 느끼는 '상황형'입니다. 상황형 공포증은 공황장애 등 심리적 장애를 동반하는 경우가 많으니 주의해야 해요.

마지막으로 구토, 질식, 특정 음악, 큰 소리, 광대, 풍선, 눈, 구름 등에 공포를 느끼는 '기타형'이 있습니다.

특정 대상에 대한 공포를 극복하는 법

특정 대상에 공포를 느끼지 않으려면 어려서부터 다소 두려운 대상이나 상황이 있을 때마다 무조건 회피하기만 해서는 안 돼요. 아이가 무서워하는 대상에 대해 부모가 지나치게 조심스러운 반응을 보이거나 아이를 과잉보호해서는 안 됩니다. 아이가 그릇된 두려움을 가질 수 있기 때문이에요.

연지는 선천적으로 겁이 많을 뿐만 아니라 불안한 상황에 많이 노출되면서 불안에 민감해진 상황이었습니다. 이런 경우에는 불안을 완화하는 약을 먹으면 불안감을 줄이고 불안한 상황에서 나타나는 신체 증상을 줄일 수 있어요. 그런 다음에 인지치료와 행동치료를 함께 진행하면 더욱 효과적입니다.

인지치료는 그 대상이나 상황이 실제로는 위험하지 않고 안전하다고 인식하게 하는 거예요. 불안과 공포가 발생하는 원리와 몸의 반응, 그로 인해 나타나는 문제들, 해결방법 등을 이해하기 쉽게 논리적으로 설명하면 아이는 안심합니다. 먼저 불안과 공포에 대해 왜곡된 생각을 갖지 않도록 하는 것이 중요해요.

행동치료는 공포를 느끼는 대상에 노출시켜 공포를 극복하도록 적응시키는 방법이에요. 흔히 '체계적 탈감작'과 '홍수법'을 사용합니다. 체계적 탈감작은 불안을 일으키는 자극 중에 가장 약한 것부터 시작해서 점차 강한 것에 노출시키는 방법이에요. 이때 각종 복식호흡, 뉴로피드백 등과 같은 이완기법을 가르쳐서 자극 앞에서 이완을 경험하도록 유도합니다.

복식호흡은 천천히 5초 정도 숨을 깊이 들이마시고, 6초 정도 깊이 내쉬는 행위를 5~10분 정도 반복하는 방법이에요.

홍수법은 반대로 한 번에 견디기 힘든 자극 앞에 나서게 하여 공포를 극복하게 하는 방법이에요. 이때 공포를 느끼는 대상을 상상하게 하거나 그 대상에 실제로 노출시켜 적용할 수 있습니다.

아이들을 심한 공포 자극에 한 번에 노출시키는 방법은 오히려 트라우마로 작용할 수 있기 때문에 저는 잘 사용하지 않습니다. 공포 자극에 천천히 노출시켜 적응시키는 방법이 안전하고 더 효과적이지요. 연지에게도 인지치료와 함께 공포에 점진적으로 노출시키는 행동치료를 진행했습니다.

처음에는 예쁜 사진이나 영상으로 시작합니다. 예쁜 강아지가 아이와 노는 장면을 보여주며 강아지가 귀엽고 예쁜 대상이라는 것을 알려줍니다. 그런 다음 강아지 장난감이나 인형을 사줘서 가지고 놀게 합니다.

아이가 이 단계에 적응하면 원할 경우 조그맣고 예쁜 순한 강아지에게 노출시키세요. 지인의 집에 가서 사진이나 동영상에서 본 강아지를 실제로 만져도 보고 먹이도 주게 하며 단계적으로 적응시킵니다. 또는 멀리 있는 개를 아이와 같이 관찰하며 사람이 옆으로 지나가도 아무런 해를 끼치지 않는다는 것을 가르쳐 주세요.

잘되면 조금 더 여러 마리에게 노출시키거나 조금 더 순하고 큰 강아지에게 아이를 노출시킵니다. 단, 큰 개는 어른도 무서워할 수 있으니 억지로 좋아하도록 할 필요는 없어요. 이 단계에 어느 정도 적응되면 치료를 끝내도 됩니다.

아이들이 특정 동물을 무서워하는 것은 크면 서서히 좋아지기도 하니까 완전히 없어지지 않는다고 해서 조급하게 여기지 마세요. 아이의 인지가 발달하면서 실제로 저 개가 달려들지는 않는다는 사실을 알게 되면 개에 대한 두려움이 많이 감소합니다.

시험을 망칠까봐 불안해해요

중학교 3학년 시현이(남, 16세)는 중학교에 입학한 뒤 첫 시험에서 수학시험을 망쳤습니다. 성적이 기대한 만큼 안 나와서 스트레스를 많이 받았지요. 그 뒤로 시험을 볼 때마다 수학시험을 망칠까 봐 심하게 불안해했습니다.

다른 과목 시험은 잘 보는데 수학시험만 보면 망칠 것 같은 불안감에 휩싸이곤 했지요. 모의로 시험을 보면 80점 이상 나오는데 실제 시험에서는 60점밖에 안 나왔습니다. 3학년이 되면서 고등학교 진학에 대한 부담감으로 수학시험에 대한 공포가 더 심해졌습니다.

그러다 보니 시험이 있는 날에는 가슴이 두근거리고 손에서 식은땀이 났으며 이상한 징크스도 생겼습니다. 시험 보기 전에 불안해서 화장실을 평소보다 자주 갔고, 시험지를 받아들면 머릿속이 새하얘졌습니다.

시현이는 강남구에 살고 학원도 대치동으로 다녔습니다. 첫째 아이인 데다 공부도 곧잘 해서 주변의 기대가 컸지요. 특히 엄마의 기대가 컸습니다. 시현이는 부모 말을 잘 듣는 모범생이었습니다. 소심하고 내성적이며 자기표현을 잘 못 하는 아이였지요.

엄마와 주변의 기대에 부응하려는 마음은 큰데, 한번 시험을 망쳐놓으니 스스로 무능력하다고 느꼈습니다. 결국 나중에 공황발작까지 올 정도로 시험불안장애가 진행되었지요. 시험지를 받아들면 호흡이 가빠지면서 어지럽고 쓰러질 것 같은 증상 때문에 시험을 못 볼 정도였습니다.

>> DOCTOR'S SOLUTION >>

시험불안장애는 특정공포증 중 상황형에 해당합니다. 시험만 보면 극도로 불안해지는 증상인데, 지나칠 경우 시험장에만 들어가면 숨도 못 쉴 것 같은 공황장애 증상까지 나타납니다. 너무 불안하고 무서워서 시험장을 뛰쳐나가서 시험을 아예 못 보기도 합니다.

이렇듯 상황형 특정공포증은 나중에 공황장애까지 진행되는 경우가 많아요. 예를 들어, 어릴 때 대중교통이나 터널 등에 공포감을 느끼던 사람이 성인기에 지나치게 압박감을 받거나 스트레스에 노출되면 공황장애가 올 가능성이 높아지지요.

시현이의 병은 사회의 성적지상주의, 성취지상주의가 원인입니다. 《동의보감》에도 과거급제 시험을 준비하는 사람들이 불안을 없애고 기억력을 높이려고 먹는 '장원환'이라는 약이 기록되어 있을 정도로 우리나라의 학구열은 워낙 유명하지요. 조선 전기까지만 해도 과거에 급제하지 못하면 양반 취급도 못 받았으니, 우리 선조들도 시험 불안이 심했을 수밖에요.

가장 먼저 부모가 아이에 대한 기대를 조금은 내려놓아야 합니다. 아이에게 말이나 행동처럼 외부로 드러나는 부담감뿐만 아니라 은연중에 드러내는 기대감도 내려놓아야 해요. 엄마들이 "다 내려놓았어요."라고 말만 하지 사실 속마음은 그렇지 않은 경우가 많아요. 완전히 기대를 내려놓기가 말처럼 쉽지 않지요.

사실 좋은 성적을 얻기 위해서는 적당한 긴장감이 필요해요. 하지만 지나친 긴장과 불안은 뇌 기능을 저하시키고 자신의 실력을 온전하게 발휘하지 못하게 합니다. "잘할 수 있어.", "너는 능력이 돼." 이런 말도 아이에게는 부담스러울 수 있어요. "네가 최선을 다하는 것만으로도 만족한다.", "네가 하고 싶은 대로 하렴." 하고 말해 주어야 합니다.

결과보다는 노력하는 과정에 가치를 두고, 최선을 다하면 좋은 결과가 있을 것이라고 말해 주어야 합니다. 성적이나 시험에 대해 올바른 가치관을 심어줘야 하지요. 아이 자신도 잘해야 한다는 생각에서 벗어나 엄마나 선생님 기대에 부응해야 한다는 인식을 바로잡을 필요가 있어요.

시험불안을 느끼는 환경 개선

이런 것들이 바뀌어야 시험불안을 극복할 수 있습니다. 그러나 실제로 진료하다 보면 말처럼 쉽지 않아요. 학원 가느라 바빠서 병원에 못 오는 경우가 더 많거든요. 엄마가 병원에 아이를 데리고 오는 목적 자체도 시험불안을 없애서 아이가 올바른 학교생활을 하도록 하는 게 아니라, 시험불안을 없애서 성적을 높이는 것인 경우도 많고요. 이는 병을 고치는 게 아니라 덮는 꼴이 되고, 엄마는 결국 아이에게 병 주고 약 주는 사람이 되어 버립니다.

시험불안을 느끼는 환경을 개선하고 성적에 대한 부모와 아이의 잘못된 인식을 바로잡아주는 게 1차 솔루션, 불안으로 인해 나타나는 신체 증상을 완화하는 약을 복용하는 게 2차 솔루션입니다. 시험을 앞두고 이완훈련이나 복식호흡법으로 몸의 긴장을 풀어주는 것도 도움이 돼요. 한번 자신감을 되찾으면 이것이 긍정적인 신호로 작용해 증상이 호전되는 경우가 많습니다.

무대 공포증으로 연주를 못 해요

음악을 전공한 예술 고등학교 2학년 시호(여, 17세)는 사람 앞에서 발표하거나 공연하는 게 너무 무섭고 몸이 떨려서 연주를 못 한다며 병원을 찾았습니다. 낯선 사람을 만나거나 사람이 많은 곳에 갈 때면 긴장이 되어 손과 발이 떨리는 것은 물론, 목소리도 떨리고 가슴이 심하게 두근거려서 그 자리를 벗어나 도망가고 싶을 정도였습니다.

시호는 어릴 때부터 겁이 많고 소심하며 긴장감이 많은 아이였습니다. 고등학교 때 연주회에서 한 번 실수한 적이 있는데, 그 뒤로 연주회에서 또 실수할까 봐 불안감이 점점 심해진 끝에 남 앞에서 연주를 못 하게 되었습니다.

대중 앞에서 연설하거나 면접, 공연처럼 낯선 사람들로부터 평가받는 상황에서 극도로 불안하고 공포를 느끼는 것을 사회불안장애 혹은 사회공포증이라고 합니다. 환자는 불안한 상황을 회피하려 하고 회피할 수 없을 때는 심각한 고통을 받게 되지요. 우리가 흔히 아는 대인공포증이나 무대공포증이 다 사회공포증에 속합니다.

사회공포증이 있으면 누군가 자신을 쳐다보고 있다고 생각할 때부터 불안해져요. '저 사람이 나를 어떻게 생각할까?'라는 생각과 잘해야 한다는 압박감이 크기 때문이지요. 다른 사람이 자신을 이상하다거나 멍청하다고 생각할까 봐 두려워서 다른 사람 앞에서 말하거나 수업 중에 발표하는 것을 힘들어합니다.

불안과 공포를 느끼면 뇌의 편도체가 흥분하고 교감신경이 항진되는 신체적 증상이 나타나요. 환자들은 얼굴이 붉어지고 몸이나 목소리가 떨리며, 땀이 흐르고 얼굴이 굳어지는 것과 같은 자신의 신체 증상을 다른 사람들이 알아챌까봐 두려워하지요. 여기서 오는 불안은 다시 교감신경을 흥분시켜 신체 증상을 더 심화합니다.

대개 처음 앞에 나가 발표할 때 친구들에게 놀림을 받았거나 선생님이 지적했던 것이 트리거가 되는 경우가 많습니다. 나중에는 남 앞에서 글을 쓰거나 발표를 하는 걸 피하는 식으로 아예 이런 상황을 회피하게 되지요. 증상이 심각하면 다른 사람이 보는 앞에서는 식사조차 하지 못하는 경우도 있어요. 그렇게 자신감이 저하되고 대인관계가 위축되다 보면 사회생활에도 큰 지장이 생깁니다.

특히 글을 쓸 때 수전증처럼 손을 떨거나 가만히 있어도 머리나 몸이 떨리는 사람은 사회공포증을 동반할 확률이 커요. 이런 사람은 다른 사람의 시선을 의식하면 긴장이 되고 손이나 머리가 더욱 떨리지요. 그래서 남 앞에서 발표하거나 모임에 나가는 것을 회피하게 됩니다.

사회공포증이 있는 아이들은 시험 볼 때 선생님이 옆에 있으면 긴장해서 시험을 망치는 경우도 있어요. 또한 모둠활동에 동참하거나 친구들 앞에서 발표하는 것을 두려워하여 과제에 참여하는 것을 회피할 수도 있어요. 그러니 미리 선생님에게 사정을 설명해 두어야 합니다.

이런 증상은 대부분 초등학교 무렵부터 싹이 보이다가 고등학교 때 확연히 나타납니다. 대부분이 어린 시기에는 성격 탓으로 돌리고 방치하다가 회사 면접, 대학교 PPT 발표, 연주회 발표 등을 앞두고 치료를 받으러 옵니다. 이 환자들은 어려서부터 낯선 사람을 무서워하고 부끄러움을 많이 타서 남 앞에 나서려고 하지 않아요. 선천적으로 불안하고 민감한 아이들이지요.

사회불안장애는 다른 불안장애와 마찬가지로 뇌의 편도체가 예민하고 전전두엽이 이를 잘 통제하지 못해 교감신경이 지나치게 흥분하며 생기는 현상입니다. 먼저 교감신경의 흥분으로 나타나는 증상을 조절해 주는 약을 복용하는데, 그러면 가슴이 두근거리고 호흡이 가빠지고 손이 떨리는 증상이 감소해요.

그다음으로 인지행동치료를 합니다. 사회불안장애가 있으면 자기 부정적인 생각이 많고 남을 지나치게 의식하는데 이런 생각을 수정해 주어야 하지요. "다른 사람들은 네 실수를 알아차리지 못하고, 별 관심도 없어.", "남은 네 얼굴이 붉어지거나 가슴이 두근두근 뛰는 것을 알아채지 못해.", "너무 지나치게 의식하지 마."라고 잘못된 생각을 바로잡아줍니다.

신체적인 증상이 나타날 때는 이완훈련이나 복식호흡법을 실시하는 것도 좋은 방법이에요. 연주회를 앞뒀다면 눈을 감고 복식호흡을 하며 긴장된 근육과 마음을 이완하기를 권합니다. 천천히 5초 정도 숨을 깊이 들이마시고, 6초 정도 깊이 내쉬는 행위를 5~10분 정도 반복하면 긴장이 풀려요.

연주회를 끝마쳤을 때 관객들이 보일 긍정적인 결과를 미리 떠올리며 마인드 컨트롤을 할 필요도 있어요. 평소 한두 명 친한 사람 앞에서 연주회 연습을 하다가 좀 더 많은 수 앞에서 하는 식으로 점진적으로 관객수를 늘리는 것도 괜찮아요. PPT 발표를 앞뒀다면 친구나 가족들 앞에서 미리 충분히 연습해 보는 것이 좋습니다.

더불어 손목의 내관혈 자리에 침을 놓거나 지압을 하면 심장의 두근거림이나 불안한 마음을 진정시키는 효과가 있어요. 저는 고소공포증이 있어서 비행기가 이륙할 때와 난기류를 만나서 기체가 흔들리면 공포를 느낍니다. 이때 내관혈 자리를 지압하면서 비행기의 흔들림보다는 지압 자리에 정신을 집중하고 복식호흡을 하면 불안이 가라앉아요. 이 방법은 시험불안을 포함해서 모든 불안장애 환자들에게 불안한 상황을 회피할 수 없을 때 제가 권유하는 방법이기도 합니다.

꼭 필요한 말만 해요

중학교 2학년 동주(남, 15세)는 초등학교 2학년 때부터 학교에서 친구들과 점점 말을 하지 않게 되었습니다. 어릴 때는 물론이고 초등학교 1학년 때까지도 아이들과 말을 잘했지만, 초등학교 3학년 때 선생님의 질문에 대답하지 못하는 바람에 아이들 앞에서 혼이 난 적이 있었습니다. 이것이 동주에게는 결정적인 트리거로 작용했습니다.

문제는 부모가 그 사실을 너무 늦게 발견했다는 것이었습니다. 집에서는 말을 잘하니까 몰랐다가 초등학교 4학년이 되어서야 아이가 학교에서 말을 하지 않는다는 사실을 비로소 알게 된 것이지요. 언어치료와 정신과 치료를 받았지만 생각보다 효과가 없었고, 시골에 살아서 적극적으로 치료하지 못했습니다. 중학교에 들어간 뒤 증상이 너무 심해져서 내원했습니다.

동주가 말하는 대상의 범위는 가까운 친척들까지였고, 가게 같은 데 가서도 "이거 주세요." 하는 식으로 꼭 필요한 말만 했습니다. 학교에서는 입도 벙긋하지 않았습니다.

아이 특징을 살펴보니 어려서부터 흰 가운을 입은 사람만 봐도 무서워해서 예방주사도 못 맞을 정도로 겁이 굉장히 많았습니다. 중학교 1학년 때까지도 밤에 잘 때 반드시 불을 켜놓고 잘 정도였습니다.

>> DOCTOR'S SOLUTION >>

선택적 함구증(함묵증)은 사회공포증의 한 종류로, 특정한 사회적 상황에서만 말을 하지 않는 증상입니다. 집에서는 부모와 말을 잘하다가도 학교만 가면 말을 안 하는 것이 대표적입니다. 학기 초에 학교에서 말을 안 한다며 병원에 아이를 데리고 오는 경우가 종종 있는데, 이때 말을 안 한 지 한 달 이상 지났으면 선택적 함구증으로 진단합니다. 학교에서 놀림 받거나 선생님한테 혼나고 나서 말을 안 하는 경우가 대부분이지요.

선택적 함구증이 있는 아이들은 평소 창피를 당하거나 부정적 평가를 받는 것에 대해 걱정이 많습니다. 또 수줍음을 잘 타고 겁이 많으며 자기를 비하하는 경향이 있어요. 다른 불안을 경험하기 쉽고 친구들과 어울리기 힘들 뿐만 아니라, 자존감이 낮고 우울감이나 고독감을 호소하는 경향이 있지요.

10세 이전에 선택적 함구증 치료해야

　선택적 함구증은 5세 무렵에 주로 시작되는데 초등학교 입학하고 나서 증상이 두드러지게 눈에 띕니다. 중요한 것은 10세 이전에 빨리 치료해야 한다는 거예요. 이 시기를 넘기면 치료하기가 굉장히 힘들어요. 아이가 치료자에게도 말을 안 해서 다른 경우보다 신뢰를 쌓는 시간이 오래 걸리기 때문이지요. 부모가 이런 사실을 감안하여 치료 기간을 오래 잡아야 해요. 효과가 별로 없다고 도중에 병원을 옮기면 처음부터 다시 시작해야 하므로, 부모가 인내심을 가지고 기다려주지 않으면 치료가 어렵습니다.

　아이들은 4~5세 무렵 자기 자신을 사회적 대상으로 보면서 수치심을 알게 됩니다. 8세 무렵에는 다른 사람의 관점에서 생각하고 부정적 평가를 걱정하지요. 그리고 청소년기에 접어들면서 자신의 외모와 행동이 다른 사람이 자신을 평가하는 기초가 된다는 것을 의식하게 됩니다.

　그래서 5세 이후에 겁이 많고 자기 부정적인 아이가 창피스러운 일을 당하면, 그 경험이 트리거로 작용하여 다른 사람 앞에서 말을 안 하게 돼요. 선생님이나 부모에게 심하게 혼나거나 친구들에게 놀림을 당한 후에 말을 안 하기도 하지요.

　선천적으로 말이 늦은 경우에도 선택적 함구증이 생길 수 있어요. 말이 늦은 아이는 다른 아이들과 어울려본 경험이 적어서 사회성이 적절히 발달하지 못합니다. 그래서 유치원에 입학하면서 말을 하지 않게 되는 경우가 있어요. 이런 경우에는 빨리 언어치료를 받는 것이 좋아요.

선택적 함구증이 있는 아이들은 어느 정도 지적 능력을 갖추고 있어서 학습에는 별문제가 없어요. 가정에서도 부모와 지내는 데 큰 문제가 없기 때문에 '곧 괜찮아지겠지' 하고 오랫동안 방치하는 경우가 있는데, 그러면 아이가 말하지 않는 상태에 익숙해져 더욱 말을 안 하게 됩니다.

이런 기간이 길어질수록 아이는 친한 친구를 사귀지 못하고 사회성 발달에도 장애를 겪게 돼요. 오랫동안 말을 하지 않다 보니 언어발달도 떨어지고 학습능력도 저하되지요.

이런 악순환 속에 자존감이 더욱 저하되면서 말을 안 하는 것이 더욱 강화됩니다. 아이가 낯선 사람 앞에서나 유치원이나 학교에서 지나치게 부끄러워하며 말을 하지 않는다면, 방치하지 말고 초기에 전문가의 도움을 받는 것이 좋습니다.

아이를 기다려주는 대화법 필요

1차 치료는 심리치료입니다. 나이가 어린 아이들은 놀이치료를, 나이가 어느 정도 있는 아이들은 일대일 개인 상담 치료를 주로 하지요. 아이가 말할 수 있도록 물꼬를 터주는 것이 우선이므로 약물보다는 심리치료를 1차 치료로 삼는 것이 중요해요. 불안이나 우울증이 심하다면 약물치료도 함께 실시하는 게 좋습니다.

처음에는 말없이 행동, 글, 그림 같은 비언어적인 내용으로 대화를 시도하는 게 바람직해요. 점차 신뢰가 생기면 한 단어로 대답할 수 있도록 질문을 유도합니다. 그게 점점 나아지면 점차 단순한 문장을 이야기할 수 있도록 이끌어주세요. 나중에는 복잡한 문장으로 대답하도록 유도하는데, 여기까지 오려면 상당한 시간이 필요하므로 부모가 인내심을 가지고 기다려주어야 해요.

아이가 말을 하지 않는다고 다그쳐서는 안 됩니다. 그러면 오히려 점점 더 말을 안 하게 되거든요. 말을 하지 않는 것이 아이에게는 자신의 정신적인 어려움을 해결하기 위한 일종의 방어 수단이기 때문이에요. 먼저 아이의 어려움을 공감하고 이해하는 태도를 보여 주세요.

그리고 아이에게 자신이 정상적으로 말할 수 있는 능력을 갖추고 있다는 확신을 심어 주세요. 부모가 먼저 확실히 믿는 태도로 아이를 대해야 해요.

동주는 아마 선생님한테 혼났던 기억 때문에 선생님에 대한 공포감을 가지고 있거나 학교공포증을 가지고 있을 것입니다. 동주는 그런 창피한 기억과 더불어 또다시 창피를 당할까봐 불안한 마음에 입을 닫았을 거예요. 그 트리거를 없앨 수 있도록 도와주세요.

질문에 대답하지 않는 것이 창피한 것이고, 틀린 답이더라도 자신 있게 대답하고 의견을 개진하는 것이 올바른 태도라고 알려주세요. 회피하는 태도는 옳지 않으니까요.

어떤 부모는 아이가 말을 안 하니까 과잉보호를 하느라 뭐든지 말하기 전에 알아서 다 해주기도 합니다. 그러면 아이는 말을 안 해도 불편하지 않을 뿐 아니라 부모의 관심을 받을 수 있으니 더욱 말을 안 하게 됩니다. 지나친 과잉보호보다는 스스로 자신의 일을 해 나갈 수 있도록 지지해 주는 것이 바람직해요.

동주와 같은 증상을 내버려두면 어른이 되어서도 문제가 더 심각해집니다. 면접을 보거나 발표하기 힘들어하고, 발표할 때 가슴이 두근두근 뛰고 얼굴이 붉어지는 등의 신체 증상으로 인해 공포를 느낄 가능성이 더욱 높아지지요. 이때는 불안을 없애주고 신체 증상을 안정시켜 주는 약이 도움이 됩니다.

말을 안 하는 아이와는 처음에 그림이나 문자메시지를 통해 대화하는 것도 한 가지 방법이에요.

Chapter 4

사춘기 반항과
헷갈리는
반항품행

지나친 반항은 장애다

적대적 반항장애란 아이가 부모, 선생님, 어른처럼 권위의 대상에게 반항하는 것을 가리킵니다. 사춘기가 되어 어느 정도 반항하는 것은 정상이지만, 그게 너무 지나쳐서 문제가 되면 병적으로 보지요. 적대적 반항장애의 대표적인 증상은 다음과 같습니다.

먼저 말대꾸하고 반항적으로 굴며 논쟁을 일삼는 행동을 자주 합니다. 자신의 행동을 반항이라고 생각하지 않고, 어른들의 불합리한 요구나 환경에 대한 반응이라고 정당화해요. 한마디로 본인의 반항적인 행동을 인정하지 않는다고 할 수 있어요. 대부분 밖에서보다는 집안에서 이런 행동을 보입니다.

어릴 때 ADHD가 나타난 아이는 반항품행장애가 생길 위험성이 또래보다 5~10배 정도 더 높아요. 사춘기 때 절반 정도가 반항장애를 보이고 거기에서 또 절반이 품행장애로 넘어가지요. 보통 중학교 1~2학년 때 증상이 나타나는데, 빠르면 초등학교 고학년 때 나타나기도 합니다. 가끔은 우울증을 동반하기도 하고, ADHD가 아니라 우울증 때문에 반항행동을 보이기도 합니다. 따라서 스트레스나 교우관계, 성적 때문에 우울증이 온 것은 아닌지 그 원인을 잘 파악해야 합니다.

전전두엽은 시상하부의 공격성을 억제한다

뇌에서 분노와 공격성을 조절하는 영역은
시상하부, 전전두엽, 편도체, 중격의지핵 등
입니다. 특히 공격성은 시상하부와 밀접한
관계가 있어요. 공격성에는 포식성 공격성(약
탈적 공격성)과 방어적 공격성(정서적 공격성)이
있습니다.

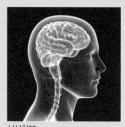

시상하부

동물실험에서 뇌의 안쪽 시상하부를 자극
하면 방어적 공격을 유도하여 교감신경이 흥
분하고 적대적 행동을 보입니다. 바깥쪽 시
상하부 자극은 포식성 공격을 유도하지요.

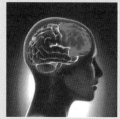

전전두엽

선천적으로 시상하부가 예민하고 쉽게 흥분하는 아이들은 공격성이
강합니다.

시상하부가 공격성을 표출하는 곳이라면 이성적으로 제어하는 곳
은 전전두엽입니다. 전전두엽은 부적절한 공격적 표현, 특히 충동적
인 공격 행동을 억제하는 기능을 담당해요. 7~8세가 되면 공격성을
제어할 줄 알아야 하는데, 어떤 아이들은 이런 능력에 문제가 있어요.
선천적으로 ADHD, 자폐증이 있는 아이들과 후천적으로 우울증을
앓는 아이들이 흔히 이런 문제를 겪습니다.

전전두엽은 피질하부(시상하부)에서 발생하는 원시적 충동을 억제
하는 '브레이크' 역할을 담당해요. 고양이를 대상으로 한 실험에서 시

상하부만 자극했을 때보다 시상하부와 전전두엽 피질을 모두 자극하면 공격까지 걸리는 시간이 2배 길어지는 것을 발견했습니다. 그 이유는 전전두엽에서 시상하부를 억제하는 브레이크 기능이 활성화되었기 때문입니다. 이렇듯 건강하고 능동적인 전전두엽은 부적절한 공격 행동을 막아줍니다.

아이들의 공격적인 행동은 전두엽 피질의 성장과 관련이 있어요. 전두엽 백질은 성장하면서 두꺼워지는 반면에 전두엽 회색질의 두께는 남성은 12세, 여성은 11세에 정점을 그린 이후 점차 줄어들지요. 이때부터 청소년들의 반항적이고 공격적인 행동이 증가합니다. 그러니 이 시기에 이런 행동을 보이는 건 정상적인 반응이라고 볼 수 있어요. 만약 이 나이 이전부터 공격적인 행동을 보인다면 ADHD처럼 선천적으로 신경학적인 문제를 지닌 것으로 볼 수 있습니다.

어떤 연구에서 포식성 살인자들과 정서적(충동적) 살인자들은 정상인에 비해 뇌의 바깥쪽과 안쪽 전전두엽 피질의 활동이 저조한 것으로 나타났다고 해요. 특히, 충동적이고 감정적인 살인자들의 경우 전전두엽 피질의 활동이 가장 저조했다고 합니다. 선천적으로 전전두엽 피질의 활동이 저조하여 ADHD나 반항장애, 품행장애를 가진 아이들이 분노를 잘 참지 못하는 이유를 알려주는 연구결과라고 할 수 있습니다.

반대로 생각하면 분노조절을 잘하는 아이들은 전전두엽이 잘 발달되었다는 것을 알 수 있지요. 이 아이들은 자신의 충동이나 욕구, 분노 등을 잘 조절할 뿐만 아니라, 지능과 주의집중력도 좋고 두뇌의 잠재력을 100% 발휘합니다.

시상하부 외에도 편도체와 중격의지핵도 공격적인 행동과 관련이 있어요. 편도체는 외부 자극이 위협적인지 여부를 인식하는 기능을 담당해요. 편도체가 지나치게 활성화되면 존재하지 않는 위험을 지각하거나, 작은 위험을 심각한 위험으로 잘못 인식하여 과도한 방어적 공격을 유발하기도 합니다. 불안장애를 가진 아이들은 편도체가 지나치게 활성화되는 경향이 있어요. 그래서 화를 잘 내거나 공격적인 행동을 자주 보이는 거예요.

컴퓨터 게임, 폭력, 도박 등은 중격의지핵에서 도파민을 증가시켜요. 다른 사람들의 공격적인 행동을 보거나 본인이 공격하는 경우에 도파민이 증가하고 쾌감을 느끼게 되지요. 이러한 상황에 자주 노출되면 중격의지핵이 반복적으로 과도하게 활성화되고 이로 인해 공격 행동이 증가하고 폭력중독이 유발돼요. 이는 폭력적인 부모 밑에서 자란 아이들은 폭력적인 행동을 배우게 된다는 의미와 맥을 같이합니다.

분노 조절이 어려운 여러 장애들

아이가 화를 참지 못하고 폭언을 하거나 물건을 던지고 부수거나 다른 사람을 밀치거나 때리는 공격적인 행동을 수시로 한다면 '요즘 스트레스를 받아서 그런가?', '사춘기라서 그럴 수도 있지.'라고 단순하게 여기고 그냥 지나쳐서는 안 됩니다. 혹시 아이에게 부모가 모르는 문제는 없는지 주의 깊게 살펴볼 필요가 있어요.

아이들은 7세 정도 되면 자신의 욕구와 충동, 감정을 상황에 맞게 어느 정도 절제할 수 있습니다. 만약 7세가 넘었는데도 유아처럼 고집을 부리고, 마음대로 되지 않는다고 화를 내거나 공격적인 행동을 보인다면 다음과 같은 문제가 없는지 살펴보아야 합니다.

첫 번째로 우울 때문에 발생하는 파괴적 기분조절부전장애가 아닌지 의심해 봐야 해요. 파괴적 기분조절부전장애는 우울장애에 해당하는 질환으로, 7~18세 아이들에게서 분노폭발(분노발작)과 함께 과민하고 화난 기분이 지속될 때 진단합니다. 남자아이들에게서 흔히 나타나지요. 아이들의 분노폭발은 대부분 좌절에 대한 반응이므로 기저에 깔린 우울한 정서가 원인으로 작용한다고 볼 수 있어요. 그렇기 때문에 파괴적 기분조절부전장애를 가진 아이들은 추후에 우울장애와 불안장애를 겪을 위험이 높습니다.

두 번째로 ADHD나 적대적 반항장애의 가능성을 의심해야 합니다. 파괴적 기분조절부전장애를 가진 아이들은 대부분 적대적 반항장애 증상도 보이기 때문에 잘못 진단을 내릴 수도 있어서 세심한 관찰이 필요합니다. 반면 적대적 반항장애를 가진 아이들의 15%만이 파괴적 기분조절부전장애를 가진다고 해요. 그리고 적대적 반항장애에서는 파괴적 기분조절부전장애에서 보이는 기분 증상이 상대적으로 드물게 나타납니다.

세 번째로 간헐적 폭발장애일 때도 흔히 분노폭발을 보입니다. 간헐적 폭발장애는 공격 충동이 간헐적으로 억제되지 않아 화를 내고 공격적인 행동을 보이는 것을 말해요. 파괴적 기분조절부전장애와 달리 분노폭발이 없는 기간에는 지속적인 기분파탄(과민하고 심하게 화가 난 기분상태)을 보이지 않는다는 차이점이 있어요. 또한 간헐적 폭발장애는 급성 증상이 나타나는 기간이 3개월이면 충분하지만, 파괴적 기분조절부전장애는 12개월이나 이어집니다.

네 번째로 아이들에게 흔한 질환은 아니지만 양극성 장애에도 분노폭발이 나타날 수 있습니다. 다만, 파괴적 기분조절부전장애에서 분노폭발이 수개월 이상 지속되는 것과 달리, 양극성 장애에서는 조증이 나타나는 기간에만 분노폭발이 나타나고 평상시에는 정상적인 모습을 보입니다. 반면 파괴적 기분조절부전장애는 분노폭발이 없는 기간에도 거의 대부분 과민하고 화가 난 기분이 지속되지요.

다섯 번째로 주요우울장애, 불안장애, 자폐스펙트럼장애에서도 감정을 조절하지 못하고 자주 화내는 증상들이 나타날 수 있습니다. 다만, 파괴적 기분조절장애나 반항장애에 비하면 분노폭발의 정도가 심하지 않은 편입니다.

사춘기 반항과 반항장애, 어떻게 구분할까?

소아 및 청소년에게서 나타나는 반항적이고 공격적인 행동들은 사춘기 때 발생하는 경우, 어릴 적부터 공격성을 보이는 경우, 우울증이나 불안장애로 인해 발생하는 경우가 대부분입니다.

적대적 반항장애의 첫 증상은 보통 초등학교 입학 전에 나타나며, 청소년기 이후에 발병하는 경우는 매우 드물어요. 쉽게 말해 초등학교 3~4학년까지는 별다른 문제가 없다가 사춘기 때 갑자기 나타나면 사춘기 반항일 확률이 높고, 어려서부터 부모의 말을 잘 듣지 않고 화를 잘 냈다면 적대적 반항장애일 가능성이 높습니다.

5세 이하의 아동이 적대적 반항장애를 가진 경우에는 최소한 6개월 동안 적대적 반항장애의 기준에 해당하는 8가지 증상이 거의 매일 나타납니다. 그리고 어렸을 때 적대적 반항장애를 보이는 아이는 청소년기에 품행장애로 진행될 위험성이 아주 높아요. 특히 반항적이고 논쟁하기 좋아하는 아이는 추후 품행장애를, 쉽게 분노하고 과민한 아이는 우울증과 불안장애를 앓을 가능성이 높습니다.

증상이 가벼운 아이는 반항적인 행동이 집, 학교, 학원, 또래집단 중 한 가지 상황에서만 나타나고, 심한 아이는 3가지 이상의 상황에서 나타납니다. 예를 들어 반항적인 행동이 집, 학교, 학원, 또래집단 모두에서 나타난다면 증상이 무척 심한 것으로 봅니다.

소심하고 내성적이던 아이가
폭발했어요

중학교 3학년 준열이(남, 16세)는 초등학교 4학년 때 전학 가서 따돌림을 받은 경험이 있습니다. 그때부터 학교에 다니기 싫어했고, 가벼운 우울증이 와서 3개월 정도 심리치료를 받았어요.

초등학교를 마친 뒤 준열이는 어머니, 여동생과 함께 뉴질랜드로 유학 가서 기러기 가족생활을 했습니다. 소심하고 내성적이며 말이 없었고, 엄마에게 속마음을 얘기하는 스타일도 아니었습니다. 언어가 안 되니 위축되어 쉽게 적응하지 못했고, 결국 엄마 말을 안 듣고 반항하니 계속 잔소리를 들어야 했지요.

그러다가 준열이는 중학교 2학년 때 폭발했습니다. 반항하면서 엄마를 밀치고 방에 들어가고, 욕하고 심하게 말대꾸를 하는 폭력적인 행동을 해도 제어하지 못할 정도였어요. 그런 와중에 아빠가 돌아가시는 바람에 유학 생활을 마치고 모두 한국으로 귀국했습니다.

귀국 후 다시 새로운 환경에 적응하려고 했지만 실패했습니다. 공부는 안하고 판타지 소설책만 보고 컴퓨터 게임만 했지요. 엄마는 또 잔소리를 했고 그 결과 아이는 계속 폭발했습니다.

>> DOCTOR'S SOLUTION >>

반항장애가 있는 아이들은 부모와의 상호작용에서 많은 문제를 겪습니다. 부모는 대부분 통제와 허용을 적절히 사용하여 아이가 자율적으로 자신의 행동을 조절하도록 교육해요. 그런데 부모가 그때그때 기분에 따라 대하면 아이들은 말을 잘 듣지 않지요. 일관적이지 않은 태도로 아이를 통제하고 충동적으로 체벌하면 아이들은 분노와 좌절을 겪으면서 더욱 반항적인 행동을 보입니다. 그러면 부모는 더욱 아이를 야단치고, 그럴수록 아이는 더욱 비뚤어집니다.

특히 어려서부터 감정이 예민하고 기질이 공격적이며, 어른들이 말할 때 말대꾸를 잘하는 애들은 부모가 더욱 일관된 태도를 갖기 어렵습니다. 아이의 까다로운 기질이 부모를 화나게 만들고 공정한 태도를 유지하지 못하게 하거든요.

특히 감정조절이 어려운 엄마는 말을 듣지 않는 아이에게 자주 소리 지르고 매를 들게 됩니다. 그리고 나서 뒤늦게 후회하지요. 이것이 자주 반복되면 아이가 더욱 말을 듣지 않게 되므로 엄마는 우울해집니다. 어떤 엄마는 아이의 행동을 통제하는 것을 포기하고 아이가 원하는 대로 모두 허용해 버립니다. 결국 아이는 규칙과 상관없이 본인이 원하는 대로 하려고 들며, 자기 마음대로 되지 않을 때면 반항적이고 공격적인 행동을 보입니다.

청소년기 우울증은 가족문제에서 비롯

사춘기에 들어선 아이들은 부모 말에 꼬박꼬박 따지고 들어요. 이는 곧 부모의 장단점을 파악할 만큼 사고력이 발달했다는 것을 의미해요. 아이들이 그럴듯하게 주장하면서 따지고 들 때는 일일이 대응하지 않는 것이 좋습니다.

'장수를 잡으려면 타고 있는 말을 쏴라'라는 말이 있지요. 청소년기 아이들에게 우울증을 일으키는 원인 중 하나가 가족문제인 경우는 흔합니다. 준열이가 우울증을 앓게 된 원인도 환경의 변화와 엄마의 끊임없는 잔소리였어요. 사실 엄마도 여러 스트레스로 우울감이 심했습니다. 그러다 보니 인내심이 약해졌고 그 스트레스를 아이에게 잔소리로 풀었던 것이지요.

흔히 엄마에게 우울증이 있으면 자녀가 반항적으로 행동하기 쉽습니다. 엄마의 우울증이 자녀의 반항장애 결과로 생기는 건지, 아이에게 반항장애를 일으키는 원인인지는 분명하지 않아요. 하지만 엄마의 우울증이 자녀의 반항적 행동을 강화하는 것은 분명합니다. 우울증으로 인해 자신감이 없는 부모는 아이가 반항하면 자신을 무시한다고 생각하고 화를 참지 못하지요. 그래서 더 잔소리를 하게 되고 아이와 다툼도 심해집니다.

먼저 상담을 하며 준열이 엄마에게 공감하고 지지해 줌으로써 우울한 마음을 풀어주었습니다. 그 영향으로 잔소리가 줄어들면서 엄마와 아이의 사이는 점차 좋아졌습니다. 엄마가 공부하라고 압박하지 않고, 아이의 이야기를 경청해 주면서 준열이에게는 하고자 하는 목표가 생겼습니다. 점차 학원도 다니기 시작했고 우울증이 나아지면서 반항적이고 공격적인 행동도 줄었지요.

준열이는 기질 자체가 공격적인 아이는 아니었어요. 오히려 순하고 내성적인 아이였지요. 이런 아이들은 자신의 스트레스나 분노를 외부로 잘 표현하지 못합니다. 끝까지 참다가 분노가 자신을 해치는 지경까지 이르러서 우울증이 오는 경우가 많아요. 준열이처럼 순하고 내성적인 아이가 무기력에 빠져 있으면 계속 지지해 주고 기다려주는 것은 물론, 잘할 수 있다고 격려해 줘야 합니다. 의욕이 생기면 행동도 교정되기 때문이에요.

체력이 약하고 우울한 아이들은 음식과 운동도 중요해요. 준열이는 기운이 떨어져 있는 상태여서 고단백질 음식을 충분히 섭취하도록 권했습니다. 움직이지 않고 늘 가만히 있으면 더욱 우울해지므로 가볍게 뛰며 자주 움직이길 권유했어요. 준열이 같은 아이는 기운이 없어서 기운을 너무 소진하는 운동은 곤란합니다. 걷거나 가볍게 뛰는 정도로 땀을 너무 많이 흘리지 않는 운동이 어울리지요. 체력이 좋아지면 우울한 기분과 무기력한 느낌도 줄어듭니다.

공격 충동을 억제하지 못하는 간헐성 폭발장애

충동이란 인간이 가지는 일종의 본능적인 성향입니다. 충동은 흔히 부정적인 의미로 사용되는 경우가 많지요. 하지만 충동적인 사람은 때로는 활동적이고 정열적이며 생동감이 넘치는 등 긍정적인 특성도 가지고 있어요. 실험에 의하면 단순하고 주어진 시간이 짧은 과제를 수행할 때는 충동성이 높은 사람이 오히려 빠르고 정확하게 과제를 수행한다고 합니다. 그러므로 충동성이 강한 아이들의 경우 충동의 긍정적인 부분은 잘 살리고, 부정적인 부분은 줄일 수 있도록 교육해야 합니다.

충동이 너무 강하거나 자아의 억제기능이 약해진 경우에는 많은 문제가 발생할 수 있어요. 그중에서도 공격 충동이 억제되지 않아 심각한 폭력이나 파괴적 행동을 보이는 아이들이 있지요. 이러한 공격 충동이 간헐적으로 억제되지 않아 문제행동이 발생하는 장애를 간헐성 폭발장애라고 합니다.

불안정한 환경이나 공격적인 부모 밑에서 성장한 아이들은 본인의 충동성과 공격성을 제어하기가 더욱 힘들어요. 하지만 심리적, 환경적 요인만으로 이 질병이 발생하는 원인을 모두 설명할 수는 없습니다. 그렇지 않은 아이들도 많으니까요. 최근에는 뇌 기능 장애, 특히 충동을 담당하는 변연계와 변연계를 조절하는 전전두엽의 이상이 주요 원인으로 알려지고 있습니다.

유전적 소질이 있거나 출산 시 뇌 손상, 두부외상, 임신 중 태아의 뇌 성장에 안 좋은 환경 등이 아이들의 뇌 기능 장애에 영향을 미칠 수 있어요. 이 아이들은 검사상 과잉행동이나 가벼운 신경학적 이상, 비특이적 뇌파 이상, 뇌촬영 검사에서 뇌 부피 감소 등의 이상을 보이는 경우가 많습니다. 따라서 뇌 기능 장애를 가진 아이들에게서 폭력적이고 공격적 행동이 나타날 가능성이 매우 높은데, 이후 불안정한 성장환경이나 부모의 잘못된 양육방식이 이런 문제행동의 발생 가능성을 더욱 높이고 증상을 악화시켰다고 보는 것이 타당합니다.

7세 이전에 공격적인 행동을 보이면 추후 품행장애가 올 가능성이 높다

타인의 기본적인 권리를 침해하거나, 나이에 어울리는 사회규범 또는 규칙을 반복적으로 위반하는 것을 품행장애라고 합니다. 품행장애가 있는 아이는 폭력적인 행동을 일삼고 다른 사람에게 공격적인 모습을 보입니다. 학교의 기물이나 다른 사람의 물건을 부수는 행동도 두드러지게 나타나지요. 사람이나 동물에게 비이성적으로 잔인한 공격 행동을 보이기도 해요. 그 외에도 거짓말, 도둑질, 무단결석, 가출 등을 반복합니다.

품행장애는 발병 연령에 따라 2가지 유형으로 나뉘어요. 10세 이전에 발생하면 '소아기 발병형', 그 이후에 발생하면 '청소년기 발병형'이라고 합니다. '소아기 발병형'은 주로 남자아이들에게 나타나요. 이 유형의 아이는 어려서부터 성향이 반항적이고 공격적이며 친구를 사귀는 것이 힘들어요. 청소년기에 품행장애가 발생한 아이보다 품행장애가 더 오래 지속되며, 어른이 되어서는 반사회적 인격장애로 발전할 가능성이 높습니다. 이에 비해 청소년기에 품행장애가 생긴 아이는 공격적인 행동이 적고 친구를 사귈 때 어려움이 덜하며 예후도 좋은 편입니다.

반사회적 인격장애는 다른 사람의 권리를 대수롭지 않게 여기고 침해하며, 반복적인 범죄행위나 거짓말, 사기성, 공격성, 무책임함을 보이는 인격장애를 말해요. 이런 사람은 다른 사람의 감정에 대한 관심이나 걱정이 전혀 없지요. 사기를 일삼고, 다른 사람에게 피해를 입히고도 양심의 가책을 느끼지 못합니다. 교도소에 수감된 사람의 75%가 반사회적 인격장애를 지녔다는 보고도 있어요. 반사회적 인격장애의 특성이 나타나더라도 18세 미만이라면 품행장애로 진단합니다.

어린 시절 ADHD 진단을 받았어요

초등학교 3학년 희조(남, 10세)는 반항품행장애를 의심한 부모와 함께 내원했습니다. 어렸을 때 병력을 보니까 과거에 ADHD를 진단 받은 기록이 있었습니다. 어린이집을 다닐 때는 지나치게 활동적인 데다 수업 중에 시끄럽게 떠들고 주의가 산만하다는 선생님의 증언도 있었지요. 선생님 말씀에 집중하지 못하고 옆의 친구들을 자꾸 건드렸고, 자기 마음대로 안 되면 친구를 설득하기보다는 화를 못 참고 주먹으로 때렸습니다.

처음에는 부모도 아이 성향이 원래 그러려니 하고 넘어갔습니다. 하지만 어린이집을 거쳐 유치원에 갈 때쯤엔 이미 기관에서 나쁜 아이로 낙인이 찍힌 뒤였지요. 부모는 원인을 알고 싶어서 희조가 7세 때 신경정신과에 데리고 갔고, 거기서 ADHD 진단을 받았습니다.

증상이 심한 초창기에는 대학병원에서 사회기술훈련 같은 심리치료를 받았고, 초등학교 3학년 때까지 약도 먹었습니다. 그러나 약 부작용으로 폭식을 거듭하면서 체중이 늘자, 관절통증까지 와서 우리 병원까지 오게 되었습니다.

내원 시기인 초등학교 3학년 무렵에는 5~6학년들과 싸우고, 학교 창문을 깨거나 의자를 부수는 등 기물 파손을 일삼았습니다. 그것도 모자라 선생님한테 대들고 더 심할 땐 선생님 뺨을 때리고 욕까지하는 심각한 상황이었습니다.

>> **DOCTOR'S SOLUTION** >>

품행장애 아이들은 ADHD, 학습장애, 우울증, 불안장애를 동반하는 경우가 흔합니다. ADHD로 진단 받은 아동 중 35~70%는 반항장애로, 30~50%는 품행장애로 진행하지요. 여기서 알 수 있듯 ADHD는 다른 장애보다 먼저 발생하는 경향이 있어요. 품행장애가 ADHD와 공존할 경우 품행장애 증상이 더 많이, 더 일찍 시작됩니다. 이러한 품행장애의 이른 시작은 청소년기와 성인기에 나타나는 반사회적 인격장애와 관련이 깊어요. 즉, 어린 시기에 품행장애를 보이는 아이들은 청소년기 이후에 반사회적 인격장애를 가질 가능성이 높아요.

학습장애의 특징은 성적부진과 반항적인 행동입니다. 학습장애 아동은 청소년기가 되면 학교생활에 갈수록 관심과 흥미를 잃고, 반항적이고 반사회적인 또래들과 어울리면서 공격성과 반사회적 행동이 더욱 강화되지요. 그러다 보니 품행장애를 가진 아이들의 12~25%는 우울증을 함께 않는 경우가 많습니다.

품행장애를 가진 아동과 청소년이 불안이나 우울 같은 내재화 장애를 함께 가지는 경우가 생각보다 많아요. 품행장애와 불안장애가 동시에 발생하는 비율은 19~55%로 다양합니다. 남자아이는 사춘기에서 청소년기로 가는 사이에, 여자아이는 청소년기에서 성인기로 가는 사이에 많이 발생하지요. 불안과 품행장애가 함께 나타날 경우 나이가 많을수록 더욱 부정적인 결과를 낳습니다.

아이의 마음을 기준으로 행동을 판단해야

그렇기 때문에 어릴 때 생긴 ADHD와 학습장애가 반항장애와 품행장애로 진행하지 않도록, 올바른 교육방식은 물론 공감하고 지지하는 양육환경을 제공해 주어야 해요. ADHD가 있는 아이에겐 자신의 공격성과 충동성을 스스로 조절할 수 있는 힘을 키워줘야 합니다. 그리고 학습장애가 있는 아이에겐 자신의 강점을 살릴 수 있도록 돕고, 지나친 학업 성취를 요구하여 스트레스를 주지 말아야 하지요.

ADHD 아이는 자신의 행동이 어떤 결과를 초래하는지에 대해 생각하지 않고 행동합니다. 당연히 선생님한테 지적을 많이 받을 수밖에 없고, 친구들과 다퉈도 실제로 자기가 먼저 원인 제공을 하는 경우가 많아요. 그러나 자기 잘못을 인정 안 해요. 스스로 굉장히 억울해하지요. 남이 볼 때는 정당하지 않음에도, 본인은 아무런 잘못이 없다고 생각하기 때문에 본능적으로 억울함을 느끼는 게 ADHD 아이입니다.

아이는 자기가 왜 지적받는지 모르기 때문에 억울함은 곧바로 분노로 바뀝니다. 치밀어 오르는 분노를 참지 못해 반항적이고 폭력적으로 행동하지요. 특히 기질이 강하고 공격적인 아이는 화가 나면 다른 사람들에게 벌컥 화를 내고 폭력적인 행동을 보여요. 하지만 자주 지적받다 보니 자존감이 많이 떨어져 우울해하기도 하지요. 희조는 우울증까진 아니었지만 자존감이 많이 떨어진 상태였어요.

아이에게 "네가 잘못했어."라고 할 게 아니라 먼저 아이의 마음에 공감부터 해야 합니다. "죄는 미워하되 사람은 미워하지 말아라."라는 말을 떠올려보세요. 아이가 그러고 싶어서 그런 게 아니라 병이 시킨 것이므로, 아이의 마음을 기준으로 행동을 판단해야 해요. 그러지 않고 도덕적인 어른의 관점에서 훈계하면 아이는 절대로 바뀌지 않습니다.

"내가 봐도 네가 그럴 수 있다고 생각해. 그러나 다른 사람이 볼 때나 도덕적으로 볼 때는 정당한 행동이 아닐 수도 있어."라고 알려줘야 합니다. 이를 통해 충동적인 반응을 억제하고, 자신이 한 행동의 결과를 스스로 평가할 수 있도록 이끌어 주세요.

희조는 기질이 강하고 공격적인 편이었습니다. 한의학적으로는 양기가 왕성한 체질로 '간기肝氣가 왕성한' 아이였지요. 간기가 왕성한 사람은 울화(억울함, 분노로 인한 화)가 쌓이면 심장과 간에 열이 많아집니다. 일종의 울화병 상태로, 이게 폭발하면서 공격적이고 폭력적인 말과 행동이 나타나는 것입니다.

이런 경우 쌓여 있는 울화를 풀어주고 뇌로 올라가는 열을 식혀줘야 합니다. 이때 대표적으로 사용하는 한약재가 황련과 치자입니다. 황련은 주로 심장의 열을, 치자는 간장의 열을 식혀주는 효능이 있어요. 그래서 분노와 공격성을 줄여주고 충동을 억제해 주지요. 반대로 양기를 북돋우는 인삼, 녹용, 계피, 벌꿀 등은 좋지 않아요. 이런 약재들을 많이 먹는 것은 타오르는 불에 기름을 붓는 꼴입니다.

음식은 기름지고 열량이 많은 고기보다는 고단백 저칼로리의 고기와 채소가 좋아요. 또 맵고 짠 자극적인 음식보다는 심심하고 담담한 음식을 추천합니다. 탄산음료, 청량음료보다는 보리차, 녹차를 권해요. 억지로 오랫동안 앉아만 있으면 좋지 않으니, 중간중간 기운을 충분히 발산할 수 있도록 몸을 많이 쓰는 운동을 하는 것이 좋습니다.

Chapter 5

스트레스와
뇌 문제로 인한
수면파괴

아이의 수면장애, 왜 생길까?

아이들에게 나타나는 대표적인 수면장애로는 야경증, 몽유병, 악몽증(꿈 불안장애)이 있습니다. 이러한 수면장애는 스트레스 때문에 생기거나, 수면과 각성을 조절하는 뇌 기관이 미숙하거나 발달이 덜 되어 생기는 현상이에요. 아이의 뇌는 태어날 때 완전히 발달한 상태가 아니라 덜 발달한 채 태어나서 점차 성장해 가지요. 대부분의 뇌 영역은 유아기 때 어느 정도 성장이 끝나지만, 전두엽은 25세까지 성장하기도 합니다.

한의학에서는 수면장애가 선천적으로 심장과 간에 열이 많아 지나치게 잘 각성하는 아이, 심장과 담이 허약하여 불안과 공포에 예민한 아이, 심장과 비장이 허약하여 걱정과 고민이 많고 소심하며 내성적인 아이에게 자주 나타나는 것으로 인식합니다. 이런 아이들이 스트레스를 받거나 많이 피로하거나 잠을 제대로 못 자거나 소화장애가 있을 때 야경증, 몽유병, 악몽증 등이 자주 발생해요. 치료약은 아이들의 체질과 성향에 따라 달라집니다.

야경증과 몽유병은 대부분 유아기에 생기며 스트레스가 트리거로 작용합니다. 선천적으로 야경증이 잘 생기는 아이는 스트레스를 받으

114

면 증상이 악화되기도 해요. 그래서 분리불안이 있거나 기질이 까다롭고 예민하거나, 주의가 산만하고 과잉행동을 보이는 아이들에게는 수면장애가 또래보다 더 자주 발생합니다.

야제증이나 야경증이 생기면 잘 자다가도 갑자기 깨서 소리를 지르며 울고 보챕니다. 엄마가 아무리 달래줘도 계속 울어요. 심하지 않으면 하룻밤에 한 번, 심하면 여러 번 나타나며 아이는 그다음 날 자신이 그런 행동을 했는지 기억하지 못합니다.

잠자는 시간을 전반기와 후반기로 나눌 때 이런 행동은 보통 수면 전반기에 일어나요. 야경증은 잠들고 1시간이나 2~3시간 후에 나타납니다. 자다가 돌아다니는 몽유병도 수면 전반기에 생기므로 야경증과 몽유병이 같이 오는 경우가 많지요. 반면에 악몽의 경우는 수면 후반기에 발생하고 꿈 내용이 생생히 기억납니다.

아이들은 뇌가 한창 성장하는 시기이고 약에 대한 민감도가 높기 때문에 안정제나 수면제 복용을 꺼립니다. 그래서 아이들에게는 미숙한 뇌의 성장을 돕고 스트레스로 인해 불안한 심리와 신체상태를 안정시키는 역할을 하는 한약과 약침이 양약보다 더 효과적입니다.

정상적인 아이들은 수면장애가 생기더라도 거의 대부분 성장하면서 저절로 사라지거나 치료가 잘돼요. 다만, 지적 장애나 태어날 때 뇌 손상이 있는 경우처럼 선천적으로 뇌 발달에 문제가 있으면 치료가 잘 안 됩니다. 이럴 경우 치료 기간이 오래 걸릴 수 있어요. 소수의 아이들은 성인이 되어서도 지속적인 수면장애를 겪습니다.

50, 60대에 갑자기 이런 증상을 겪는다면 뇌 손상이 온 것일 수도

있어요. 그래서 파킨슨병이나 치매가 오기 전 전조 현상으로 야경증이나 몽유병이 나타난다고들 합니다. 만약 잘 지내다가 이런 증상이 생기면 뇌 퇴행이 오지는 않았는지 혹시 뇌에 종양 같은 것은 없는지 잘 살펴봐야 합니다.

자다가 갑자기 깨서 비명을 질러요

유치원에 다니는 석진이(남, 7세)는 야경증 때문에 내원했습니다. 보통은 특별한 원인 없이 야경증이 생기지만 이 아이는 달랐습니다. 내원 두 달 전에 갑자기 열이 40도까지 올라갔고, 수면 중에 울고 보채고 소리 지르며 돌아다니는 행동을 15~20분 정도 했습니다.

저녁에 이런 증상을 심하게 보이다가 갑자기 잠들고, 아침에는 전혀 기억하지 못했어요. 전형적인 야경증과 몽유병 증상이지요. 매일 잠이 들고 나서 1시간 정도 지나면 이 증상이 반복되었어요. 다른 한의원에 가서 약을 먹였는데도 증상이 줄어들 뿐 나아지지는 않아서 우리 병원을 찾았습니다.

상담해 보니 발달상에 아무 문제가 없고, 소근육과 대근육이 모두 잘 발달되어 운동신경도 괜찮았어요. 친구들과 관계도 원만하고 수업에 집중도 잘했으며 유치원에서도 잘 적응했어요. 그러나 평소에 겁이 많은 편이었습니다.

석진이에게는 내원 6개월 전부터 손톱과 발톱을 입으로 물어뜯는 습관이 생겼습니다. 이것은 병적인 것은 아니지만 욕구불만이나 뭔가 불안한 요소가 있을 때 자주 나타나는 행동입니다. 그리고 원래는 집중을 잘하는데 야경증이 오기 전에는 산만해지는 모습을 보였습니다.

>> DOCTOR'S SOLUTION >>

한의학에서는 아이들이 자다가 자주 깨는 수면문제를 야제증夜啼症이라고 합니다. 소아청소년과에서는 갓난아이가 낮에는 괜찮다가도 밤이 되면 불안해하고 계속 우는 병증을 야제증, 소아에게 주로 발생하며 자다가 갑자기 깨서 비명으로 시작하는 공황상태를 보이는 질환을 야경증으로 분류하지요.

석진이처럼 가벼운 심리적 불안과 고열로 발생하는 야경증에는 한약과 약침이 도움이 됩니다. 주로 몸의 열과 뇌로 올라오는 화를 줄이고 불안을 없애는 한약을 사용하며, 약침은 자하거와 황련, 치자 등을 이용해 만든 주사액을 사용합니다. 수면 전에 목덜미에 있는 풍지, 안면, 완골 등의 혈자리를 지압하거나 마사지하면 숙면을 취하는 데 도움이 됩니다. 마사지할 때 아로마 오일을 이용하는 것도 좋아요.

아이의 수면문제가 가족생활에 문제가 될 정도라면 적극적으로 치료를 받는 것이 좋아요. 뇌에 기질적 문제가 없고 야경증이나 야제증이 갑자기 온 경우에는 치료가 잘됩니다.

고열이 있은 후에 야경증이 발생하거나 체질적으로 열이 많은 아이는 녹용, 인삼, 벌꿀 등을 먹으면 안 됩니다. 체질적으로 열이 많은 아이는 평소 조금만 더워도 참지 못하고 땀을 많이 흘리며 얼음물을 자주 찾지요. 기운이 넘쳐서 움직임이 많고 목소리가 큰 편이며 흥분을 잘합니다. 감기만 걸려도 고열이 나고 평소 코피도 잘 나는 이런 체질의 아이가 감기에 걸리면 고열로 인해 야경증과 경기, 간질 등이 잘 생기도 합니다.

석진이는 열이 많아서 녹용이나 홍삼, 벌꿀을 먹지 않도록 주의를 주었으며, 치료를 시작한 후로 야경증과 손톱을 뜯는 행동은 바로 없어졌습니다. 물론 그냥 내버려두어도 자연스럽게 없어지기는 합니다. 다만, 그 과정에서 부모도 힘들고 아이가 성장하는 데도 방해가 되지요.

악몽을 자주 꿔요

아름이(여, 6세)는 5세 때부터 어린이집을 다녔습니다. 그러다가 다른 동네로 이사 와서 새로운 곳에 다니기 시작했어요. 그로부터 한 달 후 낮잠을 자다 갑자기 무섭다면서 깨어나 벌벌 떨면서 울었습니다. 부모가 혹시 몰라서 무슨 일 있었느냐고 물어도 아니라고만 답했습니다.

어떤 날은 변기가 무섭다고 하고, 어떤 날은 자기 내복 걸어놓은 것을 보고 무섭다고 했습니다. 이런 증상은 처음엔 낮잠 잘 때만 나타나더니 나중에는 밤에도 나타났습니다. 하루에 한 번은 꼭 무섭다고 깨서 울고, 한 번 깨면 무섭다고 잠을 안 자려고 했습니다.

아이들은 평소 일상생활에서 자신이 경험하고 느낀 것을 꿈으로 꿉니다. 특히 생활 속에서 경험하는 근심, 걱정, 불안, 속상함, 친구와의 갈등이 꿈으로 잘 나타나지요. 평소에 꾸는 꿈이 잠에서 깨어나게 할 정도로 무서운 내용으로 바뀌고 반복적으로 나타나는 것을 '악몽증'이라고 합니다.

악몽증은 대부분의 아이들에게서 성장하며 자연스레 없어지는 양호한 예후를 보여요. 하지만 악몽증의 60% 정도는 스트레스와 관계되어 나타나기 때문에 종종 오래 지속되기도 하지요. 스트레스와 관련된 경우에는 이에 대한 대책과 해결이 필요해요. 특히 어렸을 때는 악몽증이 없다가 어른이 되어서 갑자기 나타나는 경우에는 분열형 인격장애나 경계선 인격장애와 관련 있을 수 있어서 주의가 필요합니다.

악몽증을 앓는 사람은 악몽을 꾸면서 움직이다가 놀라서 깨기도 하고 "안 돼!", "저리 가!"라며 고함을 지르기도 하고 울다가 깨기도 합니다. 악몽을 꾸면 뇌가 빠르게 각성 상태로 돌아가면서 잠에서 깨며 다시 잠드는 데 시간이 걸립니다.

겉으로 드러나는 장애는 별로 없지만, 수면 중에 자주 깨거나 악몽이 두려워 잠자려 하지 않기 때문에 낮 동안에 과도하게 졸리고 집중력이 저하돼요. 심리적으로도 우울하고 불안하며 안절부절못하기도 합니다. 부모도 악몽을 꾸는 아이 때문에 편안하게 잠을 이루지 못해 일상생활에 어려움을 겪지요.

평소 겁이 많고 내성적이며 유순한 아이들이 악몽을 자주 경험합니다. 부모가 자주 싸워서 집안 분위기가 항상 편치 않거나, 무서운 일 또는 대상을 자주 접하면 악몽이 더욱 심해져요. 그리고 모든 일에 불안해하거나 공포를 느끼게 됩니다.

악몽을 줄이려면 평소 무서운 것, 공포스러운 것, 폭력적인 것을 접하지 않도록 주의해야 합니다. 특히 잠자기 전에 무서운 내용의 책이나 비디오, TV 프로그램을 보지 않아야 해요. 평소 무서운 대상에 대해 부모가 과잉통제하거나 지나치게 겁을 주는 말이나 행동을 하지 않는 것이 좋습니다.

아이가 악몽을 꾸면 얼른 옆에 가서 진정시키고, 다시 편안해져 잠들 때까지 옆에 있어 주세요. 부모가 과잉반응을 보이거나 놀라면 아이가 더 불안해질 수 있으므로 침착함을 유지해야 합니다.

자다가 일어나서 집 안을 돌아다녀요

초등학교 1학년 선웅이(남, 8세)에게 몽유병이 생긴 것은 2년 전쯤이었습니다. 선웅이는 자다가 식은땀을 흘리면서 어떨 땐 경련을 일으키기도 하고, 일어나서 왔다 갔다 하기도 했습니다. 불러도 대답도 안 하고 다음 날 물어보면 아무것도 모른다고 했습니다. 이런 증상이 자주 있었던 것은 아니고, 많이 피곤하거나 스트레스를 받으면 나타나는 것 같았습니다.

아이 방이 따로 있는데 얼마 전부터 자다가 일어나 안방에 들렀다가 가곤 했습니다. 이상해서 뒤따라가 봤더니 식은땀을 흘리며 온몸을 떨고 불안해했습니다. 최근에 이러한 행동이 잦아져서 부모가 아이를 데리고 병원을 찾았습니다.

몽유병은 아이가 걸음을 걷게 된 이후로 어느 시기에서도 발생할 수 있지만, 대개 4~8세에 시작되어 12세 무렵에 가장 많이 나타납니다. 대부분 15세 무렵에는 자연스럽게 없어지며, 드물게는 청소년기에 없어졌다가 성인기 초반에 재발하기도 합니다. 남녀의 비율은 큰 차이가 없고 가족력이 있는 경우가 많아요. 특히 양쪽 부모에게 모두 몽유병이 있는 경우에는 자녀의 약 60%에서 몽유병이 나타납니다.

몽유병은 대부분 저절로 호전되기 때문에 큰 문제로 발전하는 경우가 드물어요. 하지만 아이가 자신의 증상에 대해 알게 되면 몽유병이 드러날 수 있는 상황을 회피하려고 해서 문제가 됩니다. 예를 들어 친구 집이나 친척 집에 가서 자려 하지 않거나 여름 캠프나 여행을 가지 않으려고 하는 등 사회적 고립을 초래할 수도 있지요. 이때는 적절한

잠깐만

야경증과 몽유병에 도움이 되는 5가지 수칙

❶ 증상 중에 일어날 수 있는 사고를 예방하기 위해 뾰족한 가구 모서리나 가구 배치 등에 주의하고, 칼이나 가위 등 위험한 물건을 서랍 속에 넣어두세요.

❷ 낮 동안에 너무 피곤하지 않게 하는 것이 중요해요.

❸ 무서운 내용의 게임이나 영상물을 접하지 않도록 해요.

❹ 취침 시간을 정해 놓고 자기 전에 차분한 시간을 가져요.

❺ 수면 전 목덜미 쪽의 혈자리를 마사지하면 좋아요.

치료가 필요합니다.

감기로 인해 고열이 생기거나 스트레스를 많이 받거나 피로가 심하거나 수면시간이 부족하면 몽유병이 발생하거나 악화될 수 있으므로 주의가 필요해요.

아이들에게 나타나는 몽유병이나 야경증은 대부분 다른 정신장애와는 관련이 없어요. 다만, 성인기까지 지속되거나 성인이 되어서 처음 발생하면 인격장애, 기분장애, 불안장애 등을 동반하는 경우도 있습니다. 또한 노년기에는 치매 초기단계에 나타나기도 하므로 세심한 주의가 필요합니다.

몽유병은 대부분 깊은 수면 상태에 들어갔을 때 나타나요. 잠든 후 1~3시간 사이에 주로 시작되는데, 이때 흔히 잠꼬대를 동반하지요. 증상이 가벼우면 단순히 침대에 앉거나 주위를 둘러보거나 담요나 시트를 잡아당기는 모습을 보여요. 전형적인 증상으로는 일어나서 방 안을 돌아다니거나, 위층이나 아래층으로 가고 심지어 집 밖으로 나가기도 하지요.

복잡한 일을 하기도 하는데, 예를 들어 갑자기 잠자리에서 일어나 멍한 상태에서 소꿉장난을 한다든지 TV를 켜서 본다든지 하며 부모가 말을 걸면 몇 마디 대답도 합니다. 즉, 멍하니 목적 없는 행동을 하는데 이때 옆에서 흔들어 깨워도 소용없고 몇 분 지나면 제자리로 돌아가서 잠들어 버려요. 이런 행동이 몇 분에서 30분 정도 지속되며, 아침에 깬 아이에게 어제 있었던 일을 물어보면 전혀 기억하지 못합니다.

몽유병이 있을 때 가장 주의해야 하는 것은 안전사고에 대비하는 거예요. 아이가 잠든 상태에서 여기저기 돌아다니다 보니 사고의 위험이 있기 때문이지요. 잠자리에 들기 전에 위험한 물건은 미리 치워 두어야 합니다. 혹시라도 떨어질 수 있으므로 이층침대에 재우는 것도 삼가야 하며, 창문은 미리 잠가 두어야 해요. 그리고 아이가 움직이는 소리를 들을 수 있게 부모가 옆방에서 자는 것도 좋습니다.

자면서 이를 갈아요

초등학교 3학년 민건이(남, 9세)는 아직도 잠을 자는 도중에 이를 갑니다. 5세 때부터 이를 갈기 시작했는데, 처음에는 별로 신경 쓰지 않을 정도였습니다. 그러다가 초등학교에 들어가면서 수면 중에 이를 가는 증상이 점점 심해졌습니다.

너무 심하게 이를 간 다음 날이면 턱이 아파서 딱딱한 음식을 먹지 못할 때도 있었습니다. 특히 학원 숙제가 많거나 친구들과 싸운 날에는 이갈이가 더욱 심해졌습니다. 수면 중에 마우스피스를 착용해도 별로 효과가 없어서 내원했습니다.

이를 가는 나이는 3~17세 사이로 대부분 잠잘 때 나타납니다. 아이들은 마음속의 긴장감을 외부로 발산하기 위해 이를 가는 경우가 흔해요. 예를 들어 엄마에게 혼이 났거나 친구들과 싸운 뒤에 화가 풀리지 않으면 수면 중에 뇌가 자꾸 각성하면서 이를 갈게 되지요.

또는 치과적인 문제가 원인이 되기도 해요. 이가 날 때 그 부위가 가려워서 이를 갈기도 하고, 윗니와 아랫니의 맞물림에 이상이 있는 부정교합이 있어도 이를 갈 수 있어요. 알레르기가 있는 아이들은 입안이 가려운 것을 해소하려고 이를 갈기도 해요. 이 외에도 부모가 어렸을 때 이를 갈았거나, 아이의 뇌 신경계에 이상이 있거나 특정 약물을 복용하는 경우에도 이를 갈 수 있습니다.

이갈이는 특히 스트레스와 밀접한 관련이 있어요. 연구에 의하면 낮에 스트레스를 많이 받는 사람일수록 밤에 이갈이를 더 많이 한다고 해요. 특히 치아에 미세한 부정 교합이 있는 사람이 이갈이를 할 가능성이 더 크며, 이런 사람들이 하루 중 스트레스를 받으면 치과적 요인과 심리적 요인이 결합하여 이를 갈게 됩니다.

어린아이들의 이갈이는 그 자체로는 수면에 심각한 문제를 일으키지 않으며 대부분 나이가 들면서 저절로 없어지기도 합니다. 다만, 이를 갈지 말라고 야단치거나 자꾸 잔소리를 하면 아이가 스트레스를 받아 이를 더 갈 수 있으니 주의하세요.

혹 이를 갈 때 물리적인 충격으로 치아 표면이 손상을 입는 경우도 있지만 대개는 쉽게 회복됩니다. 특히 유치의 경우에는 이를 가는 것

자체로 치아에 문제가 생기지는 않아요. 다만 심한 이갈이가 오래 지속되면 두통, 치통, 잇몸질환, 턱관절 질환이 발생하거나 저작근이 발달하여 사각턱이 되기도 하니 유의해야 합니다.

어린아이가 이를 갈면 평소에 심심하지 않게 하는 것이 중요해요. 아이가 혼자서 심심함을 느끼면 이 가는 버릇이 더 잘 나타나니, 아이가 관심과 흥미를 갖고 놀 수 있는 여건을 만들어 주세요. 또한 이가 나느라 간지러워 이를 갈 때는 물고 놀 수 있는 것을 주는 것도 좋아요. 이 경우에는 대부분 그냥 두어도 별문제 없이 좋아집니다.

심리적 불안으로 인해 아이의 이갈이가 심해지면 불안을 완화하는 한약을 사용합니다. 어떤 아이는 기질이 강하고 화를 참지 못해서 이를 갈기도 하는데, 이때는 울화를 풀어주고 턱과 목 부위 근육의 긴장을 줄여주는 한약이 도움이 되지요. 만약 뇌 기능이 저하되어 있거나 뇌 발달이 더딘 경우에는 뇌 성장에 도움이 되는 한약을 사용합니다.

이때 굳고 비뚤어진 경추를 교정하는 추나요법을 함께 시술하면 좋아요. 평소 잠자기 전에 턱 주위의 저작근과 흉쇄유돌근을 문질러 주거나 목덜미의 근육을 지압하는 것도 도움이 됩니다.

만약 아이가 치료 후에도 이갈이를 계속한다면 잠자는 동안 입안에 교합안전장치를 착용하게 할 수도 있어요. 교합안전장치는 치아가 서로 맞지 않아 한쪽 턱의 근육이 더 긴장되어 있을 때 턱을 안정적인 위치에 두어 저작근의 활성을 줄여주지요. 또한 치아의 마모를 방지해 턱 근육과 턱관절의 통증을 막거나 완화하는 데도 도움이 돼요.

불면증으로 밤낮이 바뀌었어요

초등학교 6학년 일우(남, 13세)는 수업 중 과잉행동과 함께 산만하고 집중을 못 할 뿐만 아니라 불면증도 있어서 병원을 찾았습니다. 4학년 때부터 불면증이 시작되었고, 잠드는 데 두세 시간이 걸렸습니다.

자야겠다고 생각하고 눈을 감은 뒤 30분 안에 잠이 안 오면 입면장애로 봅니다. 불면증은 보통 잠들기 어려운 입면장애부터 시작하지요. 일우는 수면 중에도 3~4번은 깨고, 깬 후에 다시 잠드는 데 1~2시간이 걸렸으며, 깨워주지 않으면 아침에 못 일어났습니다. 학교에 가서는 수업 도중에 계속 멍하고 비몽사몽이었지요. 낮잠을 자려고 해도 잠이 안 오고 수업 중에도 집중하지 못했습니다.

일우는 7세 때까지 불면증이 심했습니다. 유아 때부터 잠드는 데 시간이 오래 걸렸고, 수면 중에 조그만 소리에도 쉽게 깼으며 환경이 바뀌면 잘 못 잤습니다. 낮 동안에는 호기심이 많고 말도 많았으며 충동적인 성향과 과잉행동이 심했습니다. 산만하고 에너지가 넘치는 ADHD 성향이 있었던 것이지요.

일우 아빠도 예민해서 잠자리가 바뀌거나 환경이 바뀌면 잠을 못 자서 수면제를 가끔 복용했습니다. 일우의 사촌형제에게도 ADHD가 있어 유전적 성향이 있음을 알 수 있었지요. 타 기관에서 검사해 보니 ADHD가 있다고 진단을 받았습니다.

>> DOCTOR'S SOLUTION >>

불면증은 특별한 원인이 있느냐 없느냐에 따라 1차성 불면증과 2차성 불면증으로 구분합니다. 또한 불면증이 발생한 지 1개월 이내이면 급성 불면증, 1개월 이상 지속되면 만성 불면증으로도 구분합니다.

1차성 불면증은 특별한 원인 없이 뇌에서 수면을 조절하는 부분이 미숙하거나 예민해서 생기는 것으로 정신생리적 불면증, 주관적 불면증, 특발성 불면증 등이 해당합니다. 2차성 불면증은 우울증이나 불안증 같은 정신질환이나 신체적 질환으로 생기는 것을 가리킵니다.

급성 불면증은 갑작스러운 스트레스나 대인관계의 변화, 수면 환경의 급격한 변동에 의해 발생합니다. 대체로 처음에 불면증을 유발한 사건이 사라지면 다시 정상적으로 잠을 잡니다. 예를 들어 갑자기 전학을 가서 불면증이 생긴 아이가 어느 정도 시간이 지나 바뀐 학교생활에 적응하면서 다시 정상적으로 잠을 자는 경우를 들 수 있지요.

어떤 식으로 잠을 못 자느냐에 따라 잠들기 어려운 불면증(입면장애), 수면 중에 자주 깨거나 깬 뒤에 다시 잠들기 어려운 불면증(수면유지장애), 이른 아침에 깨서 다시 잠들기 어려운 불면증(조조각성장애)으로 구분할 수 있어요. 대체로 잠드는 데 30분 이상 걸리면 입면장애, 잠든 후 깨서 30분 이상 깨어 있는 경우에는 수면유지장애, 평소보다 30분 이상 일찍 깨는 경우에는 조조각성장애로 파악합니다.

정상적인 사람들은 불면증이 생겼더라도 처음에 불면의 원인이 된 스트레스 사건이 없어지면 다시 정상적인 수면으로 대부분 돌아갑니다. 하지만 선천적으로 불면증에 취약하거나 잘못된 수면 습관을 가지고 있거나, 지속적으로 스트레스를 받는 상황에 노출되면 불면증이 악화됩니다.

예를 들어 커피를 한 잔만 마셔도 잠을 잘 이루지 못하는 사람, 다음 날 시험을 보거나 면접을 앞두고 잠을 못 자는 사람, 잠자리가 바뀌면 잠을 못 자는 사람, 작은 일도 지나치게 걱정하는 사람은 불면증에 취약하다고 볼 수 있어요. 이런 사람들은 불면증이 발생하면 쉽게 호전되지 않고 악화되기 쉬우니 초기에 적극적으로 치료해야 합니다.

일우는 발달상에 문제가 없고 학습능력과 또래 관계도 괜찮았지만, 1차성 불면증에 해당하는 특발성 불면증을 앓고 있었어요. 특발성 불면증은 선천적으로 수면과 각성을 통제하는 뇌 신경계의 문제로 인해 발생해요. 대체로 ADHD나 난독증이 있는 아이들에게 많이 생기고 어른이 되어서도 지속됩니다. 그래서 특발성 불면증이 있으면 어른이 된 뒤에도 주의집중을 잘 못 하거나 기억력이 부족한 경우가 많습니다.

일우에게는 먼저 수면과 각성을 조절하는 뇌 기능을 회복하고 주의 집중력을 개선하는 한약을 복용하게 했습니다. 긴장된 경추와 목 주위의 근육을 풀어주는 추나요법과 물리치료도 함께 시술했어요. 또한 수면 패턴을 일정한 패턴으로 유지하도록 했지요. 항상 일정한 시간에 침대에 눕고 일정한 시간에 일어나게 했으며, 부모도 함께 동참하도록 했습니다. 이때 아이는 자게 해 놓고 부모는 TV를 보거나 컴퓨터를 사용해서는 안 됩니다.

너무 늦은 시간에 음식을 먹거나 운동하면 좋지 않고, 자기 직전에 샤워나 반신욕을 하는 것도 피해야 합니다. 잠들기 위해서는 몸의 체온이 떨어지고 뇌의 각성이 줄어들어야 하는데, 자기 직전에 운동이나 반신욕을 하면 체온이 올라가서 잠들기가 힘들기 때문이에요.

수면에 지장을 줄 수 있는 카페인 성분이 들어 있는 초콜릿, 커피, 홍차 등도 피하는 게 좋아요. 컴퓨터 게임, 스마트폰, TV 시청처럼 수면 1~2시간 전에 빛 자극으로 뇌를 각성하는 행위를 하면 안 됩니다. 잠들기 전에 뇌가 쉬어야 하기 때문이지요.

아이가 자다가 자주 깬다면

수면 중에 자주 깨는 아이에게는 다음과 같은 방법들이 도움이 됩니다. 먼저 아이가 자기 전에 안아주거나 아이가 좋아하는 인형이나 장난감을 갖고 자게 하면 효과적입니다. 혹시 아이가 깰 때마다 우유나 물 같은 것을 주고 있다면 즉시 중지하세요.

아이가 자다 깨더라도 즉각적인 반응을 보이지 않아야 합니다. 물론 시간이 지나도 계속 울어대면 달래 주긴 해야겠지만, 특별히 울지도 않고 힘들어하지 않는다면 관심을 두지 않을 필요도 있어요. 대개 아이들은 자다가 깨더라도 주위 사람들이 다 자면 그냥 혼자서 놀다가 잠듭니다.

그리고 낮에 너무 많이 자면 밤에 잘 안 자는 수도 있으므로 낮잠을 많이 자지 않도록 하고, 낮에 많이 놀아주는 것이 효과적입니다. 간혹 중이염이나 비염으로 보채는 경우가 있는데 이때는 이에 대한 치료도 병행해야 합니다.

아이가 자다가 울면서 일어나면 따뜻하게 안아주고, 조용한 목소리로 위로하며 안심시켜 주세요. 그런 다음 물을 마시게 하거나 화장실로 데려가 소변을 보게 해서 아예 깨우세요. 아이가 잠에서 완전히 깨면 잠자리에 누이고, 다음 날에 있을 재미있고 기대되는 일들을 이야기해 주며 잠이 들 때까지 옆에서 지켜봐 주세요.

Chapter 6

이유 없는
신체적 증상은 없다

마치 신체 질환처럼 보이는 정신장애를 신체형 장애라고 합니다. 환자는 다양한 신체 증상으로 고통을 호소하지만 검사에서는 별다른 이상을 보이지 않아요. 정신적 갈등으로 인해 생기는 병으로, 평소 내적 불만이나 갈등이 적절히 해소되지 않고 누적되면서 두통, 복통, 어지러움, 마비, 경련 등과 같은 다양한 신체적 증상을 보이지요.

이 환자들은 의사가 "검사상 아무 이상이 없습니다."라고 말해 주어도 안심하지 못하고 계속 증상을 호소하면서 다른 의사나 유명한 병원을 찾아다녀요. 또한 병을 핑계로 학교나 직장에서 겪는 갈등과 일상적 업무로부터 벗어나 이득을 취하려는 의도가 엿보일 때가 많습니다. 하지만 꾀병과는 달리 실제로 고통을 느끼는 것은 사실이에요. 특히 아이들은 의존적인 성향이 강하고, 자신의 심리적 갈등을 말로 잘 표현하지 못해서 몸으로 표현하는 경향이 크기 때문에 이런 문제가 흔히 나타납니다.

대표적인 신체형 장애로는 신체화 장애와 전환장애가 있습니다. 신체화 장애를 지닌 사람은 가슴 두근거림, 어지러움, 가슴 통증, 복통, 오심 등과 같이 여러 장기와 관련된 다양한 신체 증상을 호소합니다. 반면 전환장애를 지닌 사람은 팔다리를 움직이지 못하거나, 혹은 팔다리가 떨리거나 감각이 이상하다는 증상을 주로 호소합니다.

갑자기 몸이 마비되었어요

중학교 1학년 희재(여, 14세)에게 몇 달 전부터 갑자기 이유 없이 식물인간이 된 것처럼 몸이 마비되는 증상이 찾아왔습니다. 몸이 약간 경련하듯이 떨리며 뜨거워지는 느낌이 들었습니다. 머리가 아프고 어지러운 증상도 동반되었지요.

병원 신경과에 가서 검사했더니 별다른 이상이 없다고 나왔습니다. 병력을 조사해 보니 초등학교 4학년 때부터 갑자기 머리가 아프고 멍해지는 증상이 있었고, 배도 자주 아팠으며 소화도 잘 안 되었습니다.

5학년이 되면서 머리가 멍해지며 손발에 힘이 쭉 빠지고 자기 손이 자기 손이 아닌 느낌이 생겼습니다. 이 증상이 심해진 후로 몸에 마비 증상이 나타났습니다.

초등학교 6학년 때부터는 확인강박이 생겼습니다. 학교에 가기 전 세네 번 이상 준비물과 숙제를 확인했고, 불안과 스트레스 때문에 손톱을 물어뜯는 증상도 이어졌지요. 이러한 증상들은 중학교에 진학한 뒤 더욱 심해졌습니다.

희재는 발달상 문제가 없고 공부도 잘했습니다. 다만 평소 친구들이나 선생님들이 자신에게 기대하는 게 너무 많다고 느꼈고 거기서 오는 압박감이 너무 컸지요. 모든 일을 완벽하게 처리하려는 성향인 데다, 어려움이 있을 때 다른 사람들에게 잘 표현하지 않는 유형이었습니다. 그러다 보니 계속 스트레스를 받았어요.

이러한 심리적 압박과 스트레스가 희재에게는 우울이나 불안과 같은 정신적인 문제로 나타나지 않고 습관적인 행동과 신체적인 증상으로 나타났습니다. 그래서 큰 문제는 없겠거니 무시하고 넘어갔는데, 중학교에 가면서 압박감이 훨씬 커지자 몸으로 확 증상이 나타나면서 신경과에서 정신과로 넘어왔습니다.

문제는 희재의 증상이 사람이 많은 데서 더 심해진다는 것이었어요. 일종의 사회공포증 형태로 나타난 거예요. 사람이 많은 곳에 가거나 누군가 자기를 주시하면 불안이 심해졌고, 시험을 볼 때 옆에 선생님이 서 있기만 해도 시험을 망쳤습니다.

검사해 보니 희재는 심리적 불안이 아주 높아서 불안장애와 신체화장애 진단을 받았어요. 신체화 장애는 내과적 이상이 없는데도 다양한 신체적 증상을 반복적으로 호소하는 상태를 말합니다.

희재에게는 주변의 기대가 너무 많았어요. '잘해야 한다, 주변 기대에 부응해야 한다'는 압박감이 엄청났지요. 저는 희재 부모에게 이렇게 주문했습니다. "학습이나 성적에 대해 압박감과 부담을 주지 마세요. '잘할 수 있어', '넌 잘할 거야'라는 말도 아이에게는 부담이 됩니다. 이미 스스로 완벽해지려고 하는 아이이니, 기대를 내려놓고 스스로 잘할 수 있는 조건만 충족시켜 주면 알아서 잘할 겁니다."

희재에게도 "너무 잘하려고 하는 게 병이야. 넌 이미 충분히 잘하고 있어. 주변보다는 네 몸이나 건강을 생각하렴. 좀 더 마음을 비우고 내려놓는 연습을 해보자. 공부 외에 운동, 음악, 취미생활 등 정신적인 여유를 가질 수 있는 시간을 따로 만들어 봐. 그리고 다른 사람의 시선에 너무 지나치게 신경 쓸 필요 없어. 상대방은 네가 생각하는 것만큼 너에게 관심이 없단다."라고 조언했습니다. 심리적 불안감이 줄어들면서 희재에게서는 머리가 아프고 어지러우며 몸이 마비되는 증상이 점차 사라졌습니다.

불안과 공포로 경련이 왔어요

초등학교 3학년 우현이(남, 10세)에게 몇 달 전부터 몸에 경련이 왔습니다. 병원에서는 아무 이상도 없다고 했어요. 병원을 3군데 갔는데 2군데에서는 틱장애, 1군데에서는 간질이라고 진단했습니다. 우현이 엄마는 젊은 미혼모로 평소 우울증과 불안증을 앓았습니다. 평소 체력이 약하고, 성격은 내성적이고 소심했지요. 아이에게 경련 증상이 생기면서 엄마의 우울과 불안도 심해졌습니다.

우현이는 평소 겁이 많고 소심하며 표현 능력이 떨어지는 편이었습니다. 우현이에게 경련하는 증상이 생기기 몇 달 전부터 엄마는 한 남자와 만나고 있었는데, 어느 날 우연히 우현이가 엄마와 어떤 남자의 데이트를 목격했습니다. 엄마가 몰래 남자를 사귀고 있었다는 사실에 큰 충격을 받았지요.

우현이가 받은 충격은 자기 애인을 다른 남자가 채어 가버리는 듯한 충격과 비슷했습니다. 우현이는 엄마에게 배신감과 분노를 느꼈으며, 동시에 혼자가 될지도 모른다는 불안과 공포에 휩싸였고, 이때부터 경련이 시작되었습니다.

>> DOCTOR'S SOLUTION >>

아이들 중에 종종 '가슴이 답답해서 숨쉬기 힘들다', '목에 뭔가 걸려서 답답하다', '성대가 마비되어 목소리가 잘 안 나온다', '손발이 저리고 마비된 것 같다' 등등의 증상을 호소하는 경우가 있습니다. 하지만 이러한 이유로는 소아청소년과나 신경과를 찾아와 여러 가지 검사를 해도 별다른 원인이 발견되지 않지요.

실제 본인이 하기 싫은 일을 하거나 가기 싫은 학교를 억지로 가야 할 때는 이런 증상이 나타났다가, 본인이 좋아하는 놀이를 할 때는 언제 그랬냐는 듯 잘 노는 모습을 보입니다. 그러면 부모는 간혹 아이가 꾀병을 부린다고 오해하기도 하는데, 꾀병이 아니에요. 아이는 실제 이러한 증상으로 신체적 고통을 겪습니다.

이처럼 신체적 증상을 호소할 만한 질병이 없는데도 불구하고, 심리적 원인으로 운동이나 감각기능에 이상증세와 결함이 나타나는 정신적 질환을 전환장애라고 합니다. 아이가 가진 정신적 문제가 신체 증상으로 바뀌어 나타난다는 의미로 '전환'이라는 이름이 붙은 것이지요. 전환장애는 때로는 '히스테리성 마비' 또는 '심인성 신체질환'으로 불리기도 합니다.

우현이에게는 엄마의 관심을 독점하기 위한 무언가가 필요했어요. 즉, 어떤 이득을 얻기 위한 목적과 그 도구로 전환한 것이 경련이었습니다. 아이가 아프고 나서 엄마는 남자를 만나지 않고 아이에게만 집중했습니다. 그러나 엄마가 자신만을 봐 주니까 아이는 나을 의지가 생기기는커녕 증상만 더욱 심해졌습니다.

저는 먼저 엄마와 아이에게 큰 질병이 아니라고 안심을 시켜주었습니다. 그리고 필요 없는 검사를 자꾸 하지 말라고 조언했습니다. 아이가 더욱 불안해하며 본인에게 큰 병이 있다고 오해하기 쉽거든요. 그러면 당연히 증상이 더욱 심해지고 만성화되겠지요.

그리고 아이가 호소하는 신체 증상에만 관심을 둘 것이 아니라, 아이가 경련하게 된 이유와 무의식적인 내면의 동기를 파악하도록 조언했습니다. 아이는 엄마의 관심을 잃고 엄마와 분리되는 것에 대한 공포를 느끼고 있었어요. 이러한 문제에 대해 아이와 충분히 대화하여 안심시켜줄 필요가 있다고 알려주었습니다.

우현이 엄마는 20대 초반에 아이를 낳아 아직 30대 초반밖에 안 된 젊은 미혼모입니다. 아이에게 "너를 버리려고 이 아저씨를 만난 게 아니야."라고 이야기해 주어야 합니다. "엄마가 결혼하더라도 너랑 같이 살 거고, 너에게 좋은 아빠를 만들어 주기 위해 결혼할 거야."라고 아이를 안심시켜 주어야 해요.

아이가 불안을 느끼지 않도록 좀 더 많은 시간을 함께 보낼 필요도 있어요. 저는 우현이 엄마에게 당분간 아이와 같이 잠자고 애정 표현과 스킨십도 더 많이 해주라고 충고했습니다. 그리고 우현이에게는 불안을 없애주는 약을 처방해 주었습니다. 얼마 후 아이의 경련이 사라졌고 엄마의 우울과 불안도 많이 없어졌습니다.

아이에게 신체 증상과 문제 행동이 생기면 어떠한 형태와 양상으로 나타나는지 잘 살피고, 그것이 왜 왔는지, 선천적인 문제인지 아니면 환경적 문제인지 잘 파악해야 해요. 아이들의 신체적 증상은 내과 질환으로 인한 것이 아니면 심리적 갈등으로 인한 경우가 많습니다. 대부분은 불안으로 인해 생기므로 불안한 요소만 없애도 많이 호전됩니다.

자주 머리가 띵하다고 호소해요

초등학교 6학년 은재(여, 13세)는 6학년이 되면서 머리가 아프고 배가 아픈 증상이 심해져서 병원을 찾았습니다. 밖에서 놀 때는 괜찮은데, 특히 오후에 학교에서 책을 집중해서 볼 때 머리가 띵하게 아프다고 했습니다. 병원에서 검사해도 특별한 이상이 없다고 나왔습니다.

은재는 시험에 대한 걱정이 엄청 많고 한 문제만 틀려도 크게 스트레스를 받았습니다. 욕심이 많아 친구들에게 지는 꼴을 못 보았지요. 살짝 결벽증도 있어서 공중화장실이나 학교 화장실을 이용하지 못하고 집 화장실만 이용했습니다.

엄마와 할머니에게 편두통 가족력도 있었습니다. 어릴 때도 '어지럽다, 머리 아프다'는 표현을 자주 했습니다. 이처럼 편두통 소인을 지닌 아이였기에 어려서부터 머리가 아프고 배가 아픈 증상이 있었던 것입니다.

초등학교 저학년 때는 문제가 없었는데 고학년이 되면서 시험에 대한 스트레스를 받기 시작했습니다. 자기보다 친구가 더 점수가 잘 나오면 스트레스를 받아서 머리와 배가 아팠던 것이지요.

>> DOCTOR'S SOLUTION >>

아이들에게서는 유전적 성향이 있는 편두통, 스트레스로 인한 긴장성 두통(신경성 두통), 축농증으로 인해 생기는 두통 등이 자주 나타납니다. 흔치는 않지만 뇌종양으로 인한 두통도 있는데, 축농증이나 뇌종양 유무는 검사로 알 수 있습니다.

편두통은 주로 모계쪽 유전이 강해요. 엄마에게 어릴 때 편두통이 있었다면 아이에게도 편두통이 나타날 가능성이 아주 높습니다. 편두통은 속이 울렁거리거나 심하면 토하면서 머리가 욱신욱신한 증상으로 나타나지요. 어떤 경우에는 머리가 아픈 대신 배가 아프기도 하는데, 이런 편두통을 '복통성 편두통'이라고도 합니다.

머리와 목 근육의 지속적인 수축으로 인해 나타나는 두통은 긴장성 두통 또는 신경성 두통이라고 합니다. 이런 두통은 오후에 서서히 발생하고 머리 앞쪽과 양쪽 옆 머리 부위를 지속적으로 압박하는 듯한 통증이 와요. 아이들은 이것을 대개 '머리가 띵하다' 또는 '머리가 조이는 것 같다'고 표현합니다. 피로와 불안한 감정을 동반하며 스트레스와 연관이 많고, 잠을 자거나 휴식을 취하면 대개 회복돼요.

편두통이 생기는 유전적 소인을 가진 아이들은 스트레스를 받거나 우울해지면 신경성 두통을 함께 겪는 경우가 많습니다. 은재가 그런 유형이었어요. 이런 아이에게는 먼저 지나치게 성적에 대해 압박하지 말아야 해요. 다른 아이들과 경쟁해서 꼭 이겨야 하고, 시험은 꼭 만점을 받아야만 한다는 잘못된 생각을 하지 않도록 조언해 주어야 합니다. 평소 결벽증이 있는데 부모가 지나치게 통제하면, 작은 결벽증이 강박증으로 진행될 수도 있으니 이런 부분도 신경 써야 합니다.

이러한 상태에서는 두통을 완화하기 위한 진통제는 별 도움이 되지 않습니다. 심리적 갈등이 두통으로 나타나지 않도록 스트레스를 완화하는 치료법이 효과적이에요. 불안과 우울감을 완화하고 과도하게 흥분한 신경계와 긴장된 근육을 풀어주는 한약을 사용하면 좋아요. 시험불안이 심하니까 불안을 없애는 데 도움이 되는 약도 같이 사용하면

잠깐만

단순 두통이 아닐 수도 있어서 뇌 촬영 검사를 해봐야 하는 경우

- 중등도 이상으로 머리가 심하게 아프다.
- 점차 두통의 강도나 빈도가 심해진다.
- 두통이 항상 일정한 부위에서 발생한다.
- 진통제에 반응이 전혀 없다.
- 두통과 함께 경련이 발생한다.
- 두통과 함께 발열, 구토, 목 부위가 굳는 증상을 보인다.
- 심한 두통으로 인해 자다가 깨거나, 잠에서 깨자마자 두통이 생긴다.
- 운동 및 학습 능력이 감소한다.
- 신체 발육이 부적절하고, 특히 머리가 유난히 크다.

좋겠지요. 그리고 긴장된 경추와 목 주위의 근육을 풀어주는 추나요법과 물리치료도 함께 시술하면 더욱 효과적입니다.

평소 생활습관으로는 너무 자극적이고 기름진 음식은 줄이고 일주일 3회, 30분 정도 운동과 균형 잡힌 식사를 규칙적으로 하게 하세요. 또한 일정한 시간에 잠자고, 너무 늦은 시간까지 핸드폰 게임과 컴퓨터 게임을 하지 않도록 합니다. 편두통이 있는 아이가 낮잠을 오래 자거나 햇볕을 오래 쬐는 것은 좋지 않으니 피하세요.

CASE 4

밀폐된 공간에 가면 어지러워해요

고등학교 1학년 현지(여, 17세)는 버스나 지하철을 타는 데 어려움이 있어서 병원을 찾았습니다. 버스나 지하철처럼 사람이 많은 데 있으면 가슴이 답답하고 두근거리고 어지러웠습니다. 좁은 공간, 창문이 없는 방, 지하상가처럼 좁거나 사람 많은 데 가면 이런 증상이 나타났지요. 심한 어지러움 때문에 응급실에도 몇 번이나 갔지만 특별한 이상이 없다고 했습니다. 어지러울 땐 속이 울렁거리고 머리도 아프며 몸이 막 흔들리는 느낌이 드는데도 말이지요.

갑자기 가슴이 두근거리고 호흡이 가쁘며, 식은땀이 나고 죽을 것 같은 공포를 느끼는 것을 공황발작이라고 합니다. 이 공황발작은 여러 가지 증상으로 나타나지요. 공황발작이 반복적으로 나타나고, 또 공황발작이 발생할까봐 불안해하는 예기불안이 오는 것을 공황장애라고 합니다.

사람들이 많이 모이는 곳, 쉽게 탈출하기 어렵거나 도움을 청하기 어려운 장소를 피하는 것은 광장공포증이라고 합니다. 공황장애가 오래 지속되면 이러한 회피행동이 심해지며, 공황장애 환자 중에는 광장공포증이 있는 사람과 없는 사람이 있습니다. 광장공포증을 동반하는 공황장애는 치료가 상대적으로 더딥니다.

현지는 광장공포증을 동반한 공황장애였습니다. 이 경우 흔히 어지러움을 느껴서 공황장애 약을 먹을 때 어지러움 약도 함께 먹습니다. 공황장애가 없어져도 어지러움이 지속되는 경우가 많고, 주로 성인보다는 아이에게 잘 일어납니다. 뒤에서 서술하겠지만, 이렇게 심리적인 요인으로 인한 어지러움을 '심인성 어지러움'이라고 합니다.

>> DOCTOR'S SOLUTION >>

현지는 자신이 죽을까봐 굉장한 불안을 느끼고, 잘못하면 죽을 수도 있다는 잘못된 생각을 갖기 쉬운 상태였습니다. 이러한 생각을 수정하려면 첫 번째로 인지치료가 필요합니다. "너는 지금 뇌에서 불안을 조절하는 기능이 제대로 작동하지 않고 있어. 그래서 교감신경이 과도하게 흥분되어 심장이 두근거리고 호흡이 가쁘며 어지러운 신체적인 반응이 나타나는 거야. 이것은 고혈압, 중풍, 심장병 같은 내과적인 문제로 오는 어지러움과는 전혀 달라. 그러니 몸에는 아무 문제가 없단다."라고 이야기해 주세요.

두 번째로 인지치료와 함께 행동치료를 진행합니다. 행동치료는 공포를 느끼는 대상에 노출시켜 공포를 극복하도록 적응시키는 방법으로, 주로 불안을 일으키는 자극 중에 가장 약한 것부터 점차 강한 것에 노출시키는 체계적 탈감작을 사용합니다. 이때 교감신경과 뇌파를 안정시키는 데 효과적인 복식호흡, 뉴로피드백과 같은 이완기법을 함께 사용하지요. 복식호흡은 천천히 5초 정도 숨을 깊이 들이마시고, 6초 정도 깊이 내쉬는 행위를 5~10분 정도 반복합니다.

세 번째로 뇌의 편도체와 교감신경의 과도한 흥분을 조절해 주는 약을 사용합니다. 약을 적절히 사용해 마음의 불안과 심장의 두근거림과 같은 신체적 증상이 좋아지면서 실제로 불안이 줄어듭니다.

아이의 어지러움, 심리적인 문제일 수도 있다

대부분 아이들의 어지러움은 나쁜 병이 아니므로 크게 걱정할 필요는 없지만, 그렇다고 병원에도 데려가지 않고 막연히 '괜찮아지겠지.'라고 마음을 놓아서는 안 됩니다. 만약 어른이라면 당장 병원 응급실로 가고 싶을 정도로 어지러움을 경험하는 동안 아이들은 실제로 상당히 큰 괴로움을 겪어요. 드물지만 뇌종양 같은 중대한 병도 초기에는 어지러운 증상만 보일 수도 있으니 이런 가능성에 대해 자세한 진찰과 검사를 꼭 받아야 합니다.

어린아이들 중에는 '어지럽다'는 표현에 익숙지 않은 아이들도 많아요. 어떤 아이는 어지러운 것과 머리가 아픈 것을 혼동하는 경우도 있지요. 대개 어린아이들이 어지러워하는 것은 행동의 변화를 자세히 관찰함으로써 정확히 알 수 있습니다. 잘 지내던 아이가 갑자기 활동이 둔해지고 누우려고 하거나 부모에게 기대려고 한다면, 혹시 어지러워서 그런 것이 아닌지 찬찬히 물어보세요.

어지러움은 형태에 따라 진성 어지러움과 가성 어지러움으로 나뉩니다. 진성 어지러움은 실제로 비틀거릴 만큼 주변 사물이 빙빙 돌며 균형 잡기가 어려워요. 가성 어지러움은 현기증이 나듯이 아찔아찔하지만 빙빙 돌지는 않아요.

또 원인에 따라서 중추성 어지러움과 말초성 어지러움으로 나누기도 합니다. 중추성 어지러움은 뇌에 문제가 있어서 어지러운 것이고, 말초성 어지러움은 귀의 전정기관에 문제가 생겨 일어나는 증상이에요. 중추성 어지러움은 신경과에서, 말초성 어지러움은 이비인후과에서 주로 치료해요. 말초성 어지러움의 가장 대표적인 질환이 이석증입니다. 간단히 말하면 어지러움이 뇌의 문제냐 귀의 문제냐로 나뉘지요.

아이들은 심리적인 문제로 어지러움을 경험하기도 합니다. 이런 어지러움을 '심인성 어지러움'이라고 해요. 대부분 불안장애가 있을 때 나타나지요. 불안장애가 발생하고 나서 후유증으로 어지러운 경우도 많아요. 증상은 가성 어지러움 형태로 많이 나타납니다. 특히 범불안장애가 있는 아이들이 심인성 어지러움을 앓는 경우가 많은데, 불안한 요소를 없애거나 불안장애를 치료하면 어지러움이 없어집니다.

소아기 양성 돌발성 어지러움, 꾀병과 구분하자

아이들에게서는 '소아기 양성 돌발성 어지러움'이 가장 흔합니다. 어지러움을 한의학에서는 '현훈'이라고 해요.

간혹 아이가 "엄마, 어지러워요."라고 하며 누우려고 하는 경우가 있는데, 맥이 빠지고 메스꺼워하며 심하면 토하기도 합니다. 그런데 조용하고 어두운 데서 쉬려고만 하던 아이가 몇 분 후 다시 활력을 되찾고 뛰어놉니다. 부모는 아이가 큰 병에 걸린 것은 아닐까 걱정하다가도 바로 괜찮아지니, 혹시 스트레스를 받아서 꾀병을 부리는 것은 아닐까 생각하게 되지요. 이럴 때 우선 의심하는 병이 소아기 양성 돌발성 어지러움입니다.

증상은 빙빙 도는 어지러움이나 막연히 어지러운 느낌 등이 가끔씩 반복되며, 어지러운 동안에는 큰 소리와 밝은 것을 싫어하고 똑바로 잘 서 있지 못하는 경우도 있어요. 학교 수업 중에 이런 증상을 경험하면 양호실 신세를 여러 번 져야 할 수도 있지요. 어지러워서 자꾸 누우려고 하지만 심한 두통이나 의식소실, 이명, 난청 등의 증상은 없어요.

이런 아이의 부모 중에 보면 편두통으로 고생하는 경우가 많아요. 또 한 가지 특징은 이런 아이들은 차멀미를 많이 하는 편이며 놀이동산에서 무서운 것을 타기 싫어합니다.

소아기 양성 돌발성 어지러움은 대개 5세에서 10세 사이에 나타나며 짧게는 몇 달, 길게는 몇 년 동안 반복되다가 저절로 없어져요. 아직 의학적으로 특별한 원인이 밝혀져 있지는 않아요. 다만, 이런 아이들 중에 상당수가 나중에 성인이 되어 편두통을 앓으므로 아마 편두통과 연관이 있지 않을까 생각합니다.

PART 2

관계가
서툰 아이를 위한
마음 처방전

Chapter 7

아이의 우울증은
성인과 다르다

일정한 주기로 기분이 지나치게 가라앉았다가 갑자기 좋아졌다가 하는 증상을 기분장애라고 합니다. 그중에서도 기분이 지나치게 저조한 상태가 지속되는 것을 우울증이라고 하고, 기분이 너무 들떠서 자기 행동 제어가 안 되는 것을 조증이라고 하지요. 즉, 기분장애는 우울한 기분이나 고양된 기분 또는 이 2가지가 혼합된 양상으로 나타납니다.

어떤 사람은 우울증만 나타나고 어떤 사람은 조증만 나타나기도 하지만, 대부분은 우울증과 조증을 동반합니다. 우울증은 단지 기분이 가라앉은 상태만을 가리키는 것이 아니라, 자신이 평소 흥미와 즐거움을 느꼈던 거의 모든 활동에서 재미를 못 느끼는 특징을 보입니다.

증상이 심한 우울증이 짧은 기간 지속적으로 반복되면 '주요우울장애'라고 하고, 증상이 심하지 않은 가벼운 우울증이 수년간 지속되면 '지속성 우울장애' 또는 '기분저하증'이라고 합니다. 기분저하증은 청소년기인 10대 후반에 시작되는 경우가 많아요. 아이가 오랫동안 허무주의자처럼 우울해하고 투덜대면 이를 의심해 봐야 합니다. 주요우울장애와 기분저하증이 같이 오는 경우를 '이중우울증'이라고 하며,

이 경우에는 상태가 심각하다고 봐야 합니다.

7~18세의 소아 및 청소년에게서 심한 분노발작이 폭언이나 사람이나 사물에 대한 물리적 공격성으로 반복해서 나타나는 것을 파괴적 기분조절부전장애라고 합니다. 이 장애가 있는 아이들은 분노발작이 일어나지 않는 사이에도 기분이 지속적으로 과민하거나 거의 매일, 하루 중 대부분을 화가 난 상태로 보냅니다. 이러한 분노발작은 기저의 우울증으로 인해 발생해요. 그런데 외부로 드러나는 분노발작과 공격성으로 인해 우울장애보다는 간헐적 폭발장애나 적대적 반항장애로 오해 받기도 하지요. 흔히 주요우울장애나 ADHD, 품행장애를 동반합니다.

아이의 우울증은 성인의 우울증과 다르다

성인의 우울증은 우울감과 죄책감이 드는 형태로 나타나는 것에 비해, 아이들은 사소한 일에도 짜증을 내거나 울음을 터뜨리고 특별한 원인 없이 여기저기 아프다는 식으로 표현합니다. 겉으로 보아서는 아이의 우울한 감정을 알아채기가 쉽지 않지요. 충분히 대화를 나눈 후에야 비로소 아이의 우울한 감정을 눈치챌 수 있어요.

우울증이 있는 아이들은 엄마에게 욕하거나 난폭하게 행동하는 경우도 있어서 반항장애나 품행장애로 의심 받기도 해요. 이렇게 아이들의 우울증은 어른과 달리 겉으로 잘 드러나지 않는다고 해서 가면 속에 감춰져 있다는 의미로 '가면우울증'이라고도 부릅니다. 이런 공격적인 행동과 분노감이 너무 심하면 '파괴적 기분조절부전장애'로 진단 받기도 합니다.

예전에는 '어린애들이 무슨 우울증이냐'라고 흔히 생각했지만 최근에는 우울증을 앓는 소아와 청소년이 크게 증가하고 있어요. 그만큼 아이들이 스트레스를 받는 환경에 많이 노출되어 있음을 알 수 있지요.

우울증을 앓는 청소년(12~18세 사이)은 소아와 달리 자신이 과민하다는 것을 알고는 있지만, 일상의 모든 것이 자신을 화나게 만든다고 주장해요. 그래서 화를 참지 못하고 난폭한 말과 행동을 합니다. 학교를 무단결석하거나 가출하기도 하고, 질이 좋지 않은 친구들과 어울려서 비행을 저지르기도 하지요. 흔히 적대적 반항장애나 품행장애를 동반하는 경우입니다.

임상에서 우울증을 앓는 아이들을 치료하다 보면 소아와 청소년의 차이점이 눈에 띕니다. 초등학교 저학년은 우울증이 있더라도 증상이 그리 심하지 않고 부모의 말을 잘 따르는 편이어서 치료를 잘 받아 호전도 빠른 편입니다.

반면에 청소년들은 주요 우울장애와 기분저하증이 동시에 나타나는 경우가 많고 고집이 세며 반항적인 태도를 보이는 경우가 많아요. 순순히 치료 받지 않으려 하고 치료에 대해서도 회의적이며, 어느 정도 호전되면 스스로 중단하기도 해서 치료가 더 어려운 편입니다.

우울증을 앓는 아이들은 체중의 변화를 겪기도 합니다. 성인기에 우울증이 오면 폭식해서 살이 찌는 경우가 많은데, 아이들의 경우에는 입맛이 없어서 체중이 감소합니다. 그리고 의욕이 없고 잠만 자려고 하지요. 대화하는 것도 귀찮아서 엄마가 잔소리하면 짜증을 내며 신경질적인 반응을 보입니다. 그래서 ADHD나 반항장애로 의심할 수 있는데, 혹시라도 약을 잘못 사용하면 부작용이 올 수 있으니 제대로 진단을 내릴 필요가 있습니다.

우울증을 앓는 아이들은 대부분 자신이 쓸모없다고 자책하는 경우가 많아요. 너무 심하게 스트레스를 받으면 '나는 그냥 죽는 게 나아.'라고 생각해 자살과 같은 극단적인 행동을 하기도 하지요. 심하면 "너 같은 거는 차라리 죽어버려!"라는 환청이 들리기도 하고 피해망상이 생기며, 조현병으로 진행되는 경우도 있으니 유의해야 합니다.

사람은 스트레스를 받으면 어떻게 반응하나?

스트레스를 받으면 우리 뇌의 시상하부에서는 '뇌하수체 호르몬 분비 호르몬'을 분비합니다. 이 호르몬이 뇌하수체를 자극하면 뇌하수체에서는 '부신피질 자극 호르몬'을 분비하지요. 부신피질 자극 호르몬은 다시 부신에서 스트레스 호르몬인 코르티솔을 분비하게 합니다.

코르티솔은 교감신경계를 자극하여 가슴이 두근거리고 호흡이 빨라지며 근육이 굳어지는 등의 신체증상을 유발합니다. 원래 스트레스를 받으면 적당히 분비되어 스트레스를 이겨내도록 도와주는 역할을 하며 이러한 사이클을 '시상하부—뇌하수체—부신피질(HPA) 축'이라고 합니다. 인체에서 스트레스를 조절하는 기능을 담당하지요.

정상적인 사람은 스트레스 상황에 익숙해지면 시상하부—뇌하수체—부신피질(HPA) 축이 곧 안정됩니다. 그러나 지속적으로 스트레스를 받거나 스트레스에 민감한 사람은 이 축이 지속적으로 자극 받아 계속 활성화되지요. 이것이 반복되면 코르티솔이 계속 분비되면서 자율신경계가 망가집니다. 쉽게 우울해지거나 불안을 심하게 느끼는 사람은 스트레스를 조절하는 시상하부—뇌하수체—부신피질(HPA) 축이 예민하다고 볼 수 있어요.

심한 스트레스로 코르티솔이 지나치게 많이 분비되면 해마가 시상하부—뇌하수체—부신피질(HPA) 축을 조절하여 더 이상 분비되지 않도록 조절합니다. 하지만 지속적으로 스트레스를 받으면 코르티솔이 계속 분비되어 결국 해마를 손상시켜요. 해마의 조절 기능이 망가진 이후에는 스트레스를 받지 않는 상황에서도 코르티솔이 계속 분비되지요. 해마는 스트레스를 조절하기도 하지만 기억력에 관계하는 기관이라서 스트레스를 많이 받으면 기억력이 떨어집니다.

그래서 우울증이 있는 아이들은 독서할 때 집중력이 저하될 뿐만 아니라 기억력도 손상되어 학습능력이 많이 저하돼요. 노인들의 경우 우울증이 심하면 가짜치매라고 하여 치매와 비슷한 증상을 보이기도 합니다.

부모의 우울증이 유전된 아이들과 어렸을 때 부모에게 방치되거나 학대 받은 아이들은 해마의 크기가 작고 기능도 저하되어 있어요. 또한 조그마한 스트레스에서도 시상하부-뇌하수체-부신피질(HPA) 축이 쉽게 흥분하고 코르티솔이 지나치게 많이 생성되지요. 이런 아이들은 스트레스에 민감하고 정서적으로 상처를 쉽게 받아서 우울증이 생기기 쉽습니다.

긍정적 사고와 부정적 사고

사람은 어떤 사건이나 대상에 대해 긍정적 또는 부정적으로 생각합니다. 긍정적 생각과 부정적 생각 중 어느 것이 좋고 나쁘다고 이분법적으로 구분할 수는 없어요. 삶을 살아가는 데는 둘 다 중요하기 때문이지요.

긍정적인 생각은 삶을 살아가는 데 엑셀 역할을 하고, 부정적인 생각은 브레이크 역할을 해요. 즉, 부정적인 생각은 위험한 상황일 때 과속하지 않도록 조절해 주는 역할을 하지요. 하지만 자동차가 탄력을 받아 앞으로 나가려면 브레이크보다는 엑셀을 밟아야 하듯, 인생을 활기차게 살아가기 위해서는 긍정적인 생각이 더 많이 필요해요.

긍정적인 생각보다는 부정적인 생각의 에너지가 더 강합니다. 기분 좋고 행복했던 기억보다는 화가 나고 억울했던 생각이 더 오래 지속되고 우리 삶에 더 강하게 영향을 미치지요. 그래서 긍정적 사고와 부정적 사고가 1.6 대 1.0의 비율로 균형을 유지해야 정상적인 삶이라고 할 수 있습니다.

사람마다 긍정적인 생각이 더 많은 사람도 있고, 부정적인 생각이 더 많은 사람도 있어요. 이런 성향은 선천적으로 타고난 것일 수도 있고, 자라온 환경에 의해 형성되었을 수도 있지요. 대부분 타고난 문제와 환경적인 문제가 결합해서 균형을 깨뜨리게 됩니다.

긍정적 생각과 부정적 생각 사이에 균형이 깨지면 기분장애나 불안장애가 잘 생깁니다. 긍정적인 생각이 지나치게 많으면 마치 자동차가 과속하는 것과 같아서 위험에 노출될 확률이 높아요. 이런 사람에게는 조증이 잘 생겨요. 반대로 부정적인 생각이 많으면 우울증과 불안장애가 잘 생기지요.

부정적인 생각이 떠오를 때 억지로 억누르는 것은 좋지 않아요. 부정적인 생각은 배고픔을 느끼는 것처럼 저절로 일어나지요. 배가 무척 고플 때 '나는 배가 안 고파.'라고 생각하기보다는 자신이 흥미를 느끼는 일에 집중해 보세요. 부정적인 생각은 억누르면 억누를수록 더욱 강하게 떠올라요. 그래서 저는 부정적 생각이 많아서 고통스러워하는 환자들에게 부정적인 생각을 억누르지 말라고 조언합니다. 오히려 긍정적인 생각과 말을 많이 하도록 권해요.

차라리 부정적인 환경에 노출되는 것을 피하는 것이 좋습니다. 사람을 만나더라도 밝은 기운을 가진 사람을 만나고, 말도 항상 긍정적으로 하려고 노력하세요. 책도 밝고 긍정적인 책, 영화도 우울한 것보다는 유쾌하고 즐거운 것을 보는 것이 좋아요. 이렇게 긍정적인 상황을 자꾸 만들어가다 보면 긍정적 사고와 부정적 사고가 스스로 균형을 잡아갑니다.

이는 햇볕이 따스하게 내리쬐면 스스로 겉옷을 벗는 이치와도 같아요. 굳이 억지로 겉옷을 벗길 필요는 없습니다. 인지상담치료가 부정적인 사고를 긍정적인 사고로 전환하는 것을 도와줄 수 있어요. 긍정적으로 사고할수록 자기비하가 줄어들고 자존감도 회복됩니다. 다만, 10세 이하의 아이들에게는 인지상담치료보다는 인지행동 놀이치료가 더욱 좋습니다.

잦은 부부싸움에
아이가 풀이 죽었어요

초등학교 5학년 리하(여, 12세)는 모든 일에 의욕이 없고 늘 무기력하며 공부도 전혀 하지 않았습니다. 또한 감정을 조절하지 못해서 기분이 조금만 안 좋으면 엄마한테 벌컥 화를 내고, 욕을 입에 달고 살았습니다.

리하의 부모는 결혼 직후부터 사이가 안 좋았고 그로 인해 엄마는 우울증이 심했습니다. 엄마가 표현하기를 '공산당'이라고 할 정도로 아빠는 모든 것을 자기 마음대로 했고, 실제로도 그런 아빠 때문에 가정불화가 매우 심했습니다.

자존감이 떨어져 위축된 엄마는 아빠를 닮은 모습이 보인다며 리하를 별로 좋아하지 않았어요. 우울증으로 인한 스트레스를 아이에게 짜증내는 것으로 풀었지요. 부모가 하도 싸우는 통에 리하는 24개월 때 원형탈모까지 왔습니다.

리하의 경우는 선천적인 문제가 아니라 환경적인 요인으로 인해 우울증이 왔다고 볼 수 있습니다. 초등학교에 입학해서도 계속 우울했고 수업 중에도 멍하니 있었으며, 친구들하고도 잘 어울리지 못했습니다. 주도적인 성격이 아니어서 친구들에게 항상 물건을 뺏기기 일쑤였지요. 엄마가 소아정신과에 리하를 데려갔더니 우울증 진단이 나와서 두 달 정도 치료를 받았습니다.

초등학교 3학년 때부터는 욕을 심하게 하고 계속 거짓말을 해서 6개월간 놀이치료를 받기도 했습니다. 그러나 초등학교 5학년 때까지 우울증과 욕하고 거짓말하는 행동이 지속되어 내원했습니다.

>> **DOCTOR'S SOLUTION** >>

리하와 엄마 모두 우울증이 너무 심하다고 판단되어 검사해 보니, 리하의 여동생도 우울증을 앓고 있었습니다. 이야기를 들어 보니 아빠에게도 우울증이 있을 가능성이 커서 내원을 요청했으나, 아빠는 이를 거절했습니다. 사실 가장 좋은 것은 부부 사이의 문제를 해결하여 환경부터 개선하는 것이지만, 어쩔 수 없이 모녀에게만 상담치료를 하고 동생에게는 한약을 처방했습니다.

리하와 엄마는 둘 다 자존감이 크게 떨어져 있는 상태였습니다. 엄마가 기운을 회복해야 아이도 상태가 좋아지는 게 사실이에요. 그러나 엄마는 아이에게 공감해 주고 지지해 주며 자신의 감정을 표현하는데 서툴렀기 때문에 리하 역시 자존감이 많이 떨어져 있었지요.

저는 리하에게 "네가 잘못 태어난 것이 아니야. 너는 엄마, 아빠에게 소중하고 사랑스러운 존재로 태어났어. 단지 너의 장점이라든지 좋은 재능을 발휘할 수 있는 상황이 아니었기 때문에 네가 계속 너 자신을 낮은 존재로 생각하는 거야."라고 이야기해 주었습니다. 이렇게 가장 먼저 아이가 자신에 대해 갖고 있는 왜곡되고 부정적인 생각들을 없애도록 도와주어야 합니다.

또 "엄마가 잘 받아들이지 못하더라도 현재 네가 느끼는 감정들을 주변에 잘 표현해야 한단다. 그게 힘들면 치료받으러 왔을 때 나에게라도 적극적으로 네 감정을 표현해 주렴." 하고 조언해 주었습니다. 자기표현을 잘 못 하는 아이들은 억울하고 화나는 일이 있어도 속으로 참아요. 이렇게 쌓인 억울함과 분노는 자기 자신을 공격하여 결국 우울증을 불러옵니다.

우울증이 있는 아이들은 상담 중에도 자신의 감정과 마음을 잘 표현하지 못해요. 그래서 상담자의 질문에도 "괜찮아요.", "잘 모르겠어요."라는 식으로 대답을 회피하는 경우가 많습니다. 이때는 직접적인 질문보다는 '문장완성 검사'나 '가족화 그림', '집—나무—사람 그림' 등을 이용해서 아이의 속마음을 파악하는 것이 좋아요.

문장완성 검사는 미완성 문장을 제시하고 이후의 문장을 아이가 이어서 쓰게 하는 방법입니다. 아이의 성향이나 가정환경, 스트레스 사건, 대인관계를 파악하는 데 도움이 되지요. 가족화 그림은 그림에 나타난 가족 구성원의 모습을 통해 가족 내의 갈등이나 역동관계를 알아보는 방법이에요. 예를 들어 자기중심성이 강한 아이는 자신을 가장 중심에 놓고 크게 그리고, 친밀감이 결여된 가족은 분리된 가족활동을 그림으로 표현합니다. 집−나무−사람 그림은 집과 나무, 사람의 그림을 통해 자신의 기분을 자유로운 언어로 표현하도록 유도하는 방법입니다.

리하와 같은 아이들은 수면 중에 잠꼬대로 욕을 하거나 악몽을 꾸기도 해요. 악몽에서 본인이 화나는 상황에 처하기도 하고 무언가에 계속 쫓기기도 하는데, 이는 평소 쌓인 억울함, 분노의 감정이 무의식상에서 표출되는 것이지요. 우울의 다른 얼굴은 분노라고 할 수 있습니다. 따라서 분노가 쌓이지 않도록 자신의 억울한 감정을 적극적으로 표현하는 것이 중요합니다.

부모와 치료자는 아이의 이야기를 적극적으로 들어줘야 해요. 아이의 이야기를 다 듣지도 않고 판단하거나 지적해서는 안 됩니다. 지적할 때는 아이의 마음에 먼저 공감해 준 다음에 이야기를 꺼내야 해요. "너는 그렇게 생각할 수도 있겠구나.", "네가 그런 마음이었구나.", "엄마는 네 마음이 이해돼."라고 먼저 말을 꺼내보세요.

욕하는 문제의 해결에 혼내거나 체벌하는 것은 전혀 도움이 되지 않아요. 욕하는 것은 이차적인 문제이고, 낮은 자존감과 자기비하가 일차적인 문제입니다. 일차적인 문제를 해결하면 이차적인 문제는 저절로 해결돼요.

리하와 엄마는 치료를 받으면서 증상이 많이 호전되었습니다. 자기표현도 하고 의욕도 생겼으며, 자기감정을 조절하지 못해 화내고 욕하는 문제도 꽤 좋아졌어요. 엄마는 처음 병원에 왔을 때 가슴이 미어터질 것 같고 분노가 치밀어 오르는 증상을 호소했습니다. 이는 한의학에서 볼 때 울화병이 굉장히 심한 상태라고 할 수 있지요. 치료 후 이런 문제도 많이 개선되었습니다.

울화병이 생겼다는 것은 안에 분노(울화)가 많이 쌓여 있다는 것입니다. 울화로 인해 기의 흐름이 막히면—한의학에서는 기가 막힌다고 해서 기체라고 표현합니다—흔히 가슴 정중앙 부위가 답답하고 통증이 느껴져요. 이때 가슴 정중앙 부위에 있는 전중혈에 피내침을 붙이거나 두드려주면 도움이 됩니다.

아울러 운동, 음악, 노래 등과 같은 취미생활을 통해 자기만의 울화를 풀 수 있는 방법을 찾아야 해요. 스트레스가 쌓이지 않도록 자기만의 시간을 가질 필요가 있지요.

아이도 마찬가지로 울화를 풀 수 있는 놀이라든지 취미활동이 꼭 필요합니다. 만약 엄마와 딸이 취미가 같아서 함께 취미활동을 하면 더욱 좋아요. 분노가 심한 아이라면 두드리면서 감정을 발산하는 타악기를 배우며 자기가 느끼는 분노를 해결하는 것도 괜찮은 방법입니다.

운동 중에서 우울증을 해소하는 데 가장 효과적인 것은 달리기예요. 탁구나 배드민턴처럼 무언가를 확 때리는 것도 스트레스 해소에 도움이 됩니다. 그림을 그리고 나무를 깎고 두드려서 무언가를 만드는 작업을 하거나 부모와 함께 캠핑을 하는 것도 좋습니다.

우울한 아이와 함께 달리면 좋다

연구에 의하면 달리기는 뇌 구조를 변화시켜 '건강한 뇌'를 만든다고 합니다. 규칙적인 달리기는 뇌에서 숙면을 돕는 세로토닌과 주의 집중력에 영향을 미치는 노르에피네프린의 농도를 높이고 새로운 뇌 세포를 생성해요. 항우울제와 동일한 효과를 내지요.

달리기는 수영, 스키 같은 다른 스포츠에 비해 우울증에 더 효과적인데, 특히 웨이트 트레이닝과 같은 근력운동에 비해서 기분 개선 효과가 더 뛰어나요. 달리기를 시작하고 나서 30분 정도 지나야 확실한 기분 개선 효과를 볼 수 있기 때문에 가능하면 30분 이상 달릴 필요가 있어요. 하지만 너무 오랫동안 달리면 오히려 좋지 않으므로 아이의 몸 상태에 맞추어 30분~1시간 정도 적절히 달릴 것을 권합니다.

대화가 가능한 속도로 달릴 때 뇌에서 행복 물질이 가장 많이 증가해요. 너무 빨리 무리해서 달리기보다는 아이와 함께 대화를 나누면서 달리는 것이 좋겠지요. 또한 인공적인 건물이 많은 도시 속에서 달리기보다는 자연환경 속에서 달리는 것이 더 좋으며, 저녁보다는 아침에 달리는 것이 더 효과적입니다.

우울증이 잘 생기는 아이들

가정에서 아이들이 가장 충격을 받는 것은 부모 간의 싸움이나 이

혼과 재혼 등과 같은 가정환경의 변화입니다. 학교에서는 자신의 외모에 대한 비하와 자존심 문제, 또래 간의 따돌림이나 압력, 학업성적에 대한 고민, 자신의 능력을 벗어나는 과도한 숙제 등이 우울증을 유발하는 트리거로 작용합니다.

하지만 이러한 트리거가 있다고 해서 모든 아이에게 우울증이 발생하는 것은 아니에요. 우울증에 잘 걸리는 일차적인 소인을 지닌 아이들이 심한 스트레스를 받는 환경에 지속적으로 노출될 때 우울증이 발생합니다. 몸과 마음이 건강한 아이들은 우울증을 유발하는 트리거에 노출되어도 우울증이 잘 생기지 않지요.

다음과 같은 아이들은 우울증이 잘 생길 수 있으니 평소에 주의가 필요합니다.

첫 번째, 부모에게 우울증이 있는 경우입니다. 우울증이 유전될 가능성은 40~65% 정도라고 하니, 부모에게 우울증이 있으면 자녀 두 명 중 한 명에게 우울증이 발생할 가능성이 있다고 볼 수 있겠네요.

두 번째, 아이의 뇌가 미성숙하게 발달한 경우입니다. 뇌영상 연구에서 우울증이 있는 아이들의 경우 해마의 부피가 감소되어 있고 전전두엽의 활성이 저하되어 있다는 사실이 드러났습니다. 해마는 스트레스를 조절하는 데 중요한 역할을 하며, 해마의 부피가 감소되어 있다는 것은 스트레스에 취약함을 의미하지요.

세 번째, 기질적으로 긍정적 정서 수준이 낮은 경우입니다. 정상적인 아이들은 선물을 받거나 칭찬을 들으면 무척 기뻐하고 긍정적으로 반응해요. 반면 우울한 아이들은 보상을 받아도 별로 기뻐하지 않고 부정적으로 생각하는 경향이 있지요. 어려서부터 이런 기질을 가진 아이들은 향후 우울증을 앓을 가능성이 높습니다.

네 번째, 어려서부터 부모에게 학대를 받거나 방치된 경우입니다. 뇌가 성장하는 시기에 제대로 돌봄을 받지 못하고 방치되거나 학대를 받으면 뇌가 제대로 성장하지 못하는 것은 물론 우울증의 위험도 증가합니다.

환경 변화에 민감하게 반응해요

　중학교 1학년 철민이(남, 14세)는 계속 "죽고 싶다.", "죽어버리겠다."라는 말을 입에 달고 살고, 공부도 안 하고 학원도 안 갔으며, 계속 집에서 컴퓨터 게임만 했습니다. 강제로 학원에 보내면 게임방으로 도망가 버리고, 공부하라고 잔소리하면 엄마와 누나에게 반말하고 욕하면서 공격적으로 행동했습니다.

　전형적인 심한 우울증이었습니다. 아빠가 회계사로 일하고 있는 지방의 중상류층 집안이었는데, 철민이가 초등학교를 졸업하고 나서 아이들 교육을 위해 강남구 청담동으로 이사를 왔습니다. 철민이는 나름대로 지방에서는 자기 집이 잘산다고 생각했는데, 청담동 아이들의 생활수준은 전혀 달랐습니다.

　친구들 집은 어마어마하게 큰데 자기네 집은 작은 평수였고, 지방에서 어느 정도 공부를 잘했어도 청담동 아이들의 선행학습 속도를 따라잡을 수가 없었지요. 졸지에 철민이네 집은 친구들 사이에서 제일 못사는 집이 되어 버렸습니다.

갑자기 바뀐 환경에 스트레스를 받은 철민이는 부모에게 계속 왜 여기로 이사 왔느냐고 원망했습니다. 부모 입장에서는 아이에게 좋은 환경을 제공하고 싶어서 이사했지만, 철민이는 친구도 없고 공부도 자기가 원하는 대로 안 되어 자기비하만 심해졌지요.

결국 이사하고 한 달도 안 되어 우울증이 온 철민이는 죽고 싶다는 말과 함께 주변에 귀신이 있다며 갑자기 망상과 환청에 시달렸습니다. 망상과 환청은 조현병 환자들에게 주로 나타나는 증상이지만, 심한 우울증 초기에 나타나기도 합니다. 자칫 잘못했다간 실제로 조현병으로 발전되기도 하지요.

철민이는 화가 치밀어 오르면 극도로 광분했습니다. 그리고 간질처럼 몸을 떨며 경련했고, 더 심해지면 기절해 정신을 잃어버리기까지 했습니다.

>> DOCTOR'S SOLUTION >>

검사해 보니 철민이의 진단명은 가면우울증이었습니다. 집중력 검사 결과, 집중력이 극도로 떨어져 있는 상태였지요. 갑작스러운 환경 변화가 우울증의 원인이었기에 아이에게 맞는 환경을 찾아주는 게 시급했어요. 하지만 현실적으로 다시 이사해서 전학 가는 것은 어려운 부분이라 그 문제는 천천히 해결하기로 하고, 우선 망상과 환청 같은 정신병적인 증상들을 치료하기 위해 약물을 처방했습니다.

부모에게는 우선 생활수준을 바꿀 수는 없으니 학업 측면에서 너무 압박하지 말라고 조언했어요. 그리고 아이와 함께 즐길 수 있는 취미나 운동을 하도록 권유했습니다. 스트레스를 받는다는 것에 대해 대화를 나누고, 아이에게 적극적으로 공감하고 지지해 주라고 알려주었지요.

아빠에게는 하루에 한 시간 정도 철민이와 같이 운동을 하거나 악기를 배우라고 했습니다. 엄마에게는 잔소리를 지나치게 하지 말고, 컴퓨터 게임은 서로 시간 제한을 두기로 약속하도록 유도하라고 했고요.

아이와의 갈등은 대화하여 합의하에 푸는 것이 좋지만 부모가 그 방법을 잘 모르는 경우도 있어요. 이때는 전문가의 도움을 받는 것이 좋아요. 게임은 게임방에서 하지 말고 부모가 함께 있는 집에서만 적절한 시간 안에 하도록 권유했어요. 그리고 아이가 지나치게 가기 싫어하는 학원은 아이의 학습 능력에 맞춰서 난이도를 조금 조정해 주고, 학원 개수도 아이가 받아들일 수 있도록 조절해줄 것을 제안했습니다.

철민이에게는 "타인과 비교하는 게 좋은 것은 아니야. 다른 사람과 비교하면 불행해져. 돈이나 물질적인 것들이 행복의 척도는 아니란다. 자신의 가치와 가족 간의 사랑이 행복에서 가장 중요한 부분이야."라고 이야기하면서 본인이 불행하다고 잘못 생각한 부분들을 바로잡을 수 있도록 이끌어 주었습니다.

이러한 문제점들을 해결하고 나니 철민이의 증세는 많이 좋아졌어요. 자칫하면 정말 안 좋은 경우로 갈 수도 있었는데, 다행히 부모가 잘 이해해 주어 잘 따라왔고 아이도 치료에 적극적으로 동참해 주어 5개월 만에 치료를 끝낼 수 있었습니다.

사실 가장 중요한 첫 번째 솔루션은 엄마, 아빠가 아이에 대한 기대와 욕심을 좀 내려놓는 거예요. 그게 안 되면 치료가 어렵고, 잠시 좋아졌다가도 다시 재발할 수 있습니다.

아이가 등교를 거부해요

중학교 2학년 희연이(여, 15세)는 중2가 되면서부터 학교에 가기 싫다며 내원했습니다. 3월부터 아침에 일어나거나 학교에 가는 것을 무척 힘들어했고, 4월에 중간고사를 보기 전부터는 몸이 아프면서 학교에 띄엄띄엄 가기 시작했습니다. 그러다가 5월부터는 두 달 넘게 학교에 아예 가지 않았고, 학교 상담센터에서 심리검사를 해보니 우울증과 강박증상이 의심된다는 결과가 나와 7월에 병원을 찾아왔습니다.

희연이는 어려서부터 잠드는 데 어려움을 겪었습니다. 그러다 보니 늦게 자고 늦게 일어나는 습관이 몸에 배었고 잠들어도 중간에 계속 깼습니다. 이것이 반복되자 아침에 일어나기가 점점 더 피곤해졌고, 유치원 때부터 엄마는 아침에 희연이를 깨워서 보내려면 무척 애를 써야 했습니다. 초등학교 때는 어찌어찌 해서 학교를 보냈지만 중학교 때부터는 한층 더 힘들어졌습니다. 희연이에게 학교에 안 가면 무엇을 하느냐고 물었더니 하루 종일 잠을 잔다고 했습니다.

숙면을 취하지 못하니 중학교에 들어가면서부터 학교 성적이 떨어졌습니다. 희연이의 장래 꿈은 의사였지만, 자신감이 많이 떨어진 상태에서 본인은 아무리 공부해도 안 된다는 생각에 빠져 있었습니다. 성취욕은 강하고 의사가 되고 싶은 꿈과 그에 따른 부담감은 있는데, 그게 잘 안 되니까 우울하고 무기력해진 결과 결국 다 포기하고 잠만 자게 된 것이었습니다.

>> DOCTOR'S SOLUTION >>

등교거부증은 대부분 분리불안, 학교공포증, 우울증 등으로 인해 발생합니다. 초등학교 저학년때 오는 등교거부증은 대부분 분리불안에서 기인하며 치료가 잘되는 편입니다. 문제는 사춘기 때 오는 등교거부증이에요. 이 시기의 등교거부증은 우울증이나 품행장애로 인해 나타나며 치료가 쉽지 않습니다.

우울증으로 인해 학습된 무기력이 오래되면 익숙해지면서 바꿀 생각조차 없어져서 치료가 잘되지 않아요. 다행히도 희연이는 등교거부증이 생긴 지 얼마 안 된 데다 성취욕이 강한 편이어서 바꾸려는 의지가 어느 정도 있었습니다. 현재는 우울하고 무기력해도 원래 본성 자체는 쾌활했거든요.

먼저 희연이에게 수면문제를 교정하기를 권유했습니다. "가능하면 일찍 자고 일찍 일어나는 습관을 들이렴. 만약 일찍 자는 게 힘들면 수면에 도움이 되는 한약을 처방해 줄게. 낮에는 낮잠을 자지 말고 충분히 운동해서 에너지를 발산하는 게 좋아. 그리고 저녁 늦게까지 TV를 보거나 휴대폰을 보는 것은 피하도록 해.”

부모에게는 밤이 되면 집 안 전체를 소등하고, 온 가족이 아이의 수면 시간에 맞춰서 일정하게 잠자는 분위기를 습관화하라고 조언했습니다. 아침에 일어나기가 수월해지면 학교에 가는 것도 그만큼 덜 힘들어지니까요.

그다음으로 희연이에게는 본인이 장래에 되고 싶거나 하고 싶은 게 뭔지 다시 한번 생각해 보길 주문했습니다. 정말로 의사가 되고 싶은지, 주변 기대 때문에 의사가 되고 싶은 것은 아닌지 생각해 보라고 했지요. 그랬더니 사실은 특공무술을 배우고 싶다고 답했습니다. 전 희연이에게 방과후에 특공무술을 배우라고 했습니다.

무언가를 해보고 싶고 도전해 보고 싶은 것은 좋은 현상입니다. 희연이가 병원에 올 때마다 잘하고 있는지, 어려움은 없는지 상담해 주면서 관심 있는 분야에서 잘해 나가고 있는지 체크해 주었습니다. 성취감을 느낄 수 있도록 격려해 주는 것은 무척 중요합니다.

학교는 가고자 하는 의지가 어느 정도 생기면 가라고 했습니다. 희연이가 “처음부터 학교에 가기는 힘들어요.”라고 말했기 때문이에요. 띄엄띄엄 가거나 일단 가서 조퇴하는 한이 있더라도 되도록 가보기를 권유했지요. 그러다가 어느 순간 학교 가는 것에 흥미를 느끼게 되어 희연이는 정상적으로 등교하게 되었습니다.

설마 우리 아이가 우울증일까요

중학교 1학년 하율이(여, 14세)는 학교를 안 간다는 이유로 병원을 찾았습니다. 학교에 무단결석을 자주 하고, 가더라도 수업을 무단으로 자주 빼먹었습니다.

맞벌이인 하율이의 부모는 하율이가 7세 이전에 주말부부 생활을 했습니다. 엄마도 일을 해서 하율이 혼자 방치되는 시간이 많았습니다. 그러다 보니 학습이 제대로 이루어지지 않아서 공부할 준비가 안 되었고, 아이 관리에도 미흡한 점이 있었지요. 그 결과 하율이는 초등학교 입학 후 학습 준비가 다른 아이들에 비해 부족해 학습 과정을 못 따라갔고, 결국 학교에 흥미를 잃게 되었습니다.

하율이는 발달상 문제는 없었지만 어떤 것이 갖고 싶으면 반드시 가져야 하는 기질이 있었습니다. 떼를 심하게 쓰든, 싸우든 꼭 뺏어서 가져야만 직성이 풀렸습니다. 다른 말로 '만족지연능력'이 어려서부터 기질적으로 약했지요. 어려서부터 혼자 있다 보니 다른 아이들과 어울릴 기회가 부족하여 사회기술력을 습득할 기회가 없었어요. 초등학교에서도 그 문제로 아이들과 자꾸 다투다 보니 친구도 없었습니다. 친구가 생기더라도 문제가 있거나 질이 안 좋은 친구들이었습니다.

초등학교 3학년 때 컴퓨터를 하다가 우연히 야동을 본 뒤로 하율이에게는 강박증이 생겼습니다. 이때 정신적으로 큰 충격을 받고 죄책감과 더럽다는 생각이 반복적으로 들었으며 구토를 하기도 했습니다. 그로 인해 1년 동안 정신과에 다녔습니다.

중학교에 입학한 뒤 사춘기가 시작되었는데 부모가 별거하면서 아빠와의 사이도 틀어졌습니다. 이때부터 문제가 있는 친구들과 어울리면서 학교에 가지 않게 되었습니다.

>> DOCTOR'S SOLUTION >>

처음 본 하율이의 모습은 마치 남자아이 같았고 무척 당차게 보였습니다. 사실은 굉장히 소심하고 위축되기 쉬우며 불안감도 심한데, 그 사실을 감추려고 나쁜 친구들과 어울리다 보니 강한 척했던 거예요. 즉, 겉과 속이 굉장히 다른 아이였습니다.

1차 진단은 우울증, 2차 진단은 품행장애로 내려졌습니다. ADHD로 인해 어려서부터 생긴 품행장애가 아니라 우울증으로 인해 생긴 품행장애였지요. 하율이 같은 아이는 꿈이 없어요. 하고 싶은 게 뭐냐고 물어도 대부분 없다고 답합니다. 이렇게 자신의 속마음을 쉽게 이야기하지 않는 아이에게는 '문장완성검사'처럼 글로 자신의 마음을 표현해 보게 하는 것이 좋아요. "공부가 아니어도 좋으니 하고 싶은 게 뭔지 적어서 얘기해 보렴."이라고 하면 간혹 속마음을 이야기할 때도 있습니다.

목표가 있어야 열심히 살 수 있으니 1차 솔루션은 무엇이 하고 싶은지, 무엇이 되고 싶은지 정하는 것으로 했습니다. 약물치료보다는 심리치료를 우선시한 것이지요. 부모는 아이의 꿈에 대해서 함께 이야기를 나누고 공감해 주어야 해요. 그리고 그것을 이루기 위해 할 수 있는 방법들을 적극적으로 지지해 주어야 합니다.

아이가 꿈을 이루기 위해 학원에 다니고 싶다고 하면 보내 주어야 합니다. 물론 하고 싶다고 해서 보내 줬는데 며칠 못 가 그만두는 문제가 생길지도 모릅니다. 무언가를 진득하게 하려면 어릴 때부터 성취감을 느낀 경험이 있어야 하는데, 그런 경험이 없으면 쉽게 포기하게 되니까요.

아이가 뭔가 하고 싶다고 할 때 너무 과하게 기대하지 말고 목표치를 작게 설정해 주는 게 좋아요. 아이가 성취감을 느낄 수 있도록 작은 목표를 설정해서 보상해 주세요. 예를 들면 학원을 한 달이 아니라 일주일간 다니기로 약속하고 즉각적인 보상을 해주는 것이지요. 보상해 줄 때는 돈보다는 칭찬, 여행, 외식, 갖고 싶은 물건을 사주는 것이 좋습니다. 아이는 뭔가를 직접 함으로써 내면에서 성취감을 느끼고, 목표를 달성했을 때 주변 사람들이 기뻐하고 칭찬해 주는 것을 통해 긍정적인 강화를 받아요. 이렇게 또 일주일을 더 다니게 되는 식으로 기간이 점점 늘어나면서 습관화할 수 있지요.

하율이처럼 우울증이 심한 아이들은 치료도 쉽게 포기합니다. 따라서 치료자와 신뢰를 형성하는 게 상당히 중요해요. 치료자에게 아이가 고민을 털어놓을 수 있어야 합니다. 아이들이 공감하고 자신의 마음을 여는지 여부가 치료의 성패를 좌우합니다. 마음을 못 열면 아이는 치료 한두 달 만에 떠나 버리지요.

주 양육자가 바뀌면 좋지 않듯이 치료자가 계속 바뀌면 좋지 않아요. 아이도 혼란스럽고 치료에 대한 의심이 생겨서 적극적으로 동참하지 않게 되니까요. 따라서 아이가 치료자를 신뢰하고 스스로 마음을 열 때까지 기다려줘야 합니다.

하율이는 6개월 정도 치료 받은 끝에 많이 좋아졌습니다. 이런 형태의 우울증과 품행장애는 6개월~1년 정도 계속 상담하면 가랑비에 옷 젖듯이 서서히 호전됩니다.

비행청소년은 중학교 때 빨리 바로잡아야 한다

하율이는 중학교 1학년 때 빨리 치료해서 고등학교 때 문제가 없었지만, 중학교 때 적절히 치료하지 않으면 고등학교 때 더 큰 문제를 일으킬 수 있어요. 보통 중학교 1학년 무렵, 아이들에게 문제 행동이 심하게 나타나면서 치료가 필요한 시기가 옵니다. 이 시기에 부모가 감당이 안 된다고 포기하면 아이들을 완전 놓아 버리는 결과가 되기 쉬워요.

비행청소년은 이렇게 부모가 포기하거나 돌봐줄 부모가 없는 경우가 대부분입니다. 다행히 하율이는 엄마가 아이를 놓지 않았고, 아이도 상담했을 때 거기서 벗어나고 싶고 다른 사람이 되고 싶다는 생각을 갖고 있어서 치료가 잘된 사례였지요. 이렇듯 가족과 치료자의 적극적인 지지와 관심이 절대적으로 필요합니다.

가장 중요한 것은 아이가 스스로 변화하고 싶은 생각을 가지고 있느냐 하는 것입니다. 상담 태도만으로도 아이의 예후를 예상할 수 있어요. 엄마 손에 이끌려 병원에 왔더라도 적극적으로 "상담 받고 싶어요."라고 하는 아이들은 예후가 좋습니다. 아이가 순응하는 태도를 보이면 치료가 잘되지만, 마음을 열지 않고 전혀 협조하지 않는 경우엔 치료가 쉽지 않습니다.

우울증의 한의학 치료

한의학에서는 우울증을 사람의 체질과 기질, 나타나는 증상에 따라서 크게 3가지 유형으로 구분합니다. 음증형 우울증과 양증형 우울증 그리고 두 가지 유형이 섞여 있는 복합형 우울증입니다.

음증형 우울증이 있으면 체질적으로 몸에 기운이 없고 항상 피곤합니다. 내성적이고 소심하며 기운이 약하지요. 이런 사람은 스트레스를 받으면 자기 속으로 끌고 들어가는 내재화된 우울증 형태를 보입니다. 항상 무기력하고 피곤하며 흥미나 의욕 없이 집에만 있으려고 합니다. 항상 졸려 하지요. 이런 사람들은 인삼이나 녹용처럼 기운을 끌어올리는 한약을 복용하면 효과가 좋아요. 다음과 같은 증상이 있으면 음증형 우울증을 의심해 보세요.

잠깐만

우울증 개선에 도움이 되는 음식

생선 요리를 즐겨 먹는 핀란드와 일본에는 우울증 환자가 적다고 합니다. 그 이유는 등 푸른 생선에 많이 들어 있는 오메가-3 지방 때문입니다. 연어, 고등어, 꽁치, 정어리, 참치 등에 많이 들어 있는 오메가-3 지방은 혈압과 콜레스테롤 수치를 낮출 뿐만 아니라 우울증 치료에도 효과적입니다. 가벼운 우울증에는 오메가-3 지방 섭취만으로도 효과를 기대할 수 있지요.

아연 섭취가 부족하면 우울증이 올 수 있습니다. 우울증 환자는 건강한 사람에 비해 핏속 아연 농도가 낮은 편이지요. 아연은 밤, 호두 등의 견과류와 새우, 게, 굴 등의 어패류, 소고기 등에 풍부하며 우울증 외에 신경성 식욕부진, 스트레스 해소 등에도 도움이 됩니다.

비타민 B6와 B12는 세로토닌의 생성을 돕는 효과가 있어 우울증 치료에 좋습니다. 비타민 B6는 강낭콩, 완두콩, 양배추, 감자, 바나나 등에 많이 들어 있어요. 비타민 B12는 닭고기, 돼지고기, 우유, 달걀 등에 풍부합니다.

우울증 환자의 30% 정도가 엽산이 부족하다고 합니다. 엽산은 강낭콩, 완두콩, 시금치, 브로콜리, 땅콩 등에 많이 들어 있습니다.

- 몸이 천근만근 무겁고 말을 듣지 않는다.
- 아무 일에도 흥미를 느끼지 못한다.
- 사람을 만나기도 싫고 외출도 하지 않는다.
- 의욕이 줄어들고 만사가 귀찮아진다.
- 머리가 멍하고 건망증이 심해진다.
- 항상 졸리고 잠이 많아진다.
- 식욕이 없고 체중이 줄어든다.

양증형 우울증은 체질적으로 몸에 열이 많고 성격이 외향적인 사람에게 많이 옵니다. 짜증이나 신경질을 잘 내며 공격적인 성향을 지닙니다. 가슴이 막힌 듯 답답하고 괴로우며 잠들기 어렵고 자주 깨는 증상을 보이지요. 이런 증상은 주로 가슴에 쌓인 울화를 풀어내는 방향으로 치료합니다. 치자, 황련 같은 가슴의 울화를 풀어주는 약이 효과가 좋아요. 다음과 같은 증상이 있으면 양증형 우울증을 의심해 보세요.

- 잠들기가 어렵고 자주 깬다.
- 얼굴로 열이 자주 달아오른다.
- 스트레스를 받으면 가슴이 답답하고 아프다.
- 식욕이 강해지고 살이 찐다.
- 몸이나 손발에 열이 난다.
- 답답해서 가만히 있지 못한다.

우울증은 대부분 한 가지 유형보다는 음증형 우울증과 양증형 우울증 두 가지가 섞인 형태로 발생합니다. 두 가지 유형이 섞인 복합형 우울증에는 두 가지 유형의 약을 적절하게 병행합니다. 잠을 못 자고 화를 벌컥벌컥 내며 품행에 문제가 있는 아이들에게 나타나는 우울증은 주로 양증형 우울증입니다. 과잉행동/충동우세형 ADHD 아이들이 여기에 해당하지요. 반면 조용한 ADHD 아이들은 음증형 우울증을 동반하는 경우가 많습니다.

Chapter 8

작은 트리거를
방치하면
강박증이 된다

강박증 환자는 자신이 잘못되었다는 사실을 안다

통제하지 못하는 이미지가 떠오르거나 충동이 일어나서 불안한 생각이 반복되고, 이 불안을 해결하기 위해 어떤 행동을 반복하는 것을 강박증이라고 합니다. 이는 조현병과는 다릅니다. 조현병 환자는 자기가 병에 걸린 것을 인식하지 못해요. 잘못된 신념을 실제로 믿어서 본인과 주변 사람을 위험에 빠뜨리기도 합니다.

이와 달리 강박증 환자는 자기의 생각과 행동이 잘못되었다는 것을 알지요. 하지만 불안한 마음이 계속 올라오니까 통제가 안 돼요. 예를 들어 불안한 마음을 떨치기 위해 손을 계속 씻는다거나, 선을 밟지 않는 행동을 반복합니다.

불안한 마음이 반복적으로 떠오르는 것을 강박사고라 하고, 불안한 강박사고를 없애기 위해 반복적으로 행동하는 것을 강박행동이라고 합니다. 이것을 합해서 강박증 또는 강박장애라고 하지요. 강박의 종류에는 청결강박, 순서강박, 정리정돈강박 등이 있습니다. 〈이보다 더 좋을 순 없다〉, 〈에비에이터〉, 〈플랜맨〉 등 강박증을 소재로 한 영화도 많지요.

강박증은 왜 생길까?

초등학교 4학년을 전후로 뇌에서는 이성적 사고, 판단, 추론을 담당하는 전전두엽이 본격적으로 발달합니다. 전전두엽은 뇌에서도 가장 늦게까지 발달하는 부위로 25세까지 계속 발달하지요. 본능적인 불안이나 감정을 담당하는 변연계가 먼저 발달한 이후 이성적 사고와 행동을 통제하는 전전두엽이 발달합니다. 전전두엽이 변연계를 조절해 본격적으로 통제하는 시기가 이때예요. 그러나 이 시기에는 전전두엽이 아직 미숙해서 완벽하게 통제되지는 않아요. 어떤 사람은 이성적으로 우세하고 어떤 사람은 감정적으로 우세한데, 그 차이를 만드는 것이 바로 이 뇌 기능의 문제입니다.

이성적인 제어와 감정적인 충동을 적절히 조절하는 것이 바로 전전두엽과 변연계 사이에 있는 전대상피질입니다. 전대상피질이 미성숙하고 민감한 아이는 이성과 감정을 잘 조절하지 못해 서로 충돌하게 되지요. 이성적으로는 잘못되었다는 것을 알면서도 정서적으로 불안하니까 이를 없애기 위해서 비이성적인 행동을 하게 됩니다.

이처럼 강박사고와 강박행동은 뇌 기능 이상으로 인해 발생합니다. 강박증이 생기면 자기 힘으로 이를 억제할 수 없다는 부정적인 생각이 반복되면서 '부정적 생각 회로'가 형성되며, 이것은 다시 뇌 기능 이상과 강박 증상을 악화시킵니다.

성인 강박과 소아 강박은 다르다

성인 강박환자의 1/3~1/2이 아동기에 처음 강박증을 겪습니다. 어릴 때는 남아가 여아에 비해 발병률이 높지만 청소년기에는 비율이 같아집니다. 남아는 9세 무렵에, 여아는 11세 무렵에 발병하는 경향이 있어요. 그리고 남아는 가족 중 강박장애나 틱장애가 있는 구성원이 있는 경우가 많고, 여아는 공포, 불안, 우울을 동반하는 경우가 많아요.

아이들에게 생기는 강박은 뇌 성장과 연결되어 있어요. 그래서 정상인에 비해 가족력이 높지요. 또 뇌의 선조체 구조와 기능에서 이상이 발견됩니다. 틱, ADHD, 강박이 그런 경우로 이들 증상은 발현되는 증상은 다르지만 서로 연결고리가 있어서 유전자가 비슷한 일종의 친척 관계예요. 그런 이유로 강박증이 있는 아이들에게서 틱장애나 ADHD를 흔히 발견할 수 있지요. 또 엄마의 강박증이 아이에게 틱으로 유전되기도 해요.

강박증만 있는 경우보다 틱장애, ADHD 등 다른 문제를 많이 동반할수록 예후가 좋지 않습니다. 겉으로 드러나는 증상은 별로 없어도 다른 증상들이 숨겨져 있을 가능성이 있기 때문에 의사가 아이를 진찰할 때는 꼬치꼬치 물어봐야만 합니다. 하지만 아이들은 뇌가 성장 중이므로 적극적으로 치료하면 어른에 비해 치료가 잘되는 편입니다.

소아 강박증의 특징

- 손 씻기, 확인하기, 정렬하기가 흔히 나타난다.
- 스스로 도움을 청하지 않는다.
- 자신의 증상이 정상에서 벗어난 것이라는 사실을 쉽게 받아들이지 않는다.
- 대부분 부모에게 발견되어 병원에 온다.
- 집중하는 데 장애가 있어서 점차 성적이 떨어진다.
- 학교보다 집에서 증상이 더 심하게 나타난다.

소아청소년기의 흔한 강박증

소아와 청소년에게 나타나는 가장 흔한 강박사고는 오염에 대한 공포, 즉 청결강박입니다. 또한 타인을 해치는 생각에 대한 공포, 정확성과 대칭에 대한 집착, 성적-공격적 사고도 자주 볼 수 있습니다. 가장 흔한 강박행동은 반복적으로 씻고 닦는 행동, 반복적으로 확인하는 행동, 반추행동, 숫자를 세는 행동, 정렬하기 등입니다.

1. 오염에 대한 두려움

아이들에게 가장 흔하게 나타나는 것은 세균이나 더러운 것 등 오염에 대한 두려움입니다. 예를 들면 대화 도중에 다른 사람이 말할 때 자신에게 침이 튀어서 오염될까봐 불안해하지요. 그래서 책상이나 연필처럼 자기 물건을 수도 없이 마구 닦거나, 다른 친구들이 자기 물건을 절대 못 만지게 합니다. 문고리도 잡기 전에 닦고, 옷을 자주 갈아입거나 샤워를 자주 하는 행동도 보입니다.

2. 자신이 해를 입거나 다른 사람을 해칠 것 같은 상상

대부분의 강박은 도덕적으로 절대 하면 안 되는 생각으로 옵니다. 예를 들어 동생이 있는 아이는 자신이 동생을 죽일 것 같다고 상상하는 형태로 나타나지요. 날카로운 걸로 동생을 찌르거나 죽일 것 같은 상상을 하는 식입니다. 또는 도둑이 들어와 자신이나 가족을 해칠 것 같은 생각에 자기 전에 방문이나 창문이 닫혔는지 계속 확인하기도 합니다.

3. 공격적인 충동을 억제하지 못하는 상상

길을 가다가 다른 사람을 갑자기 때리고 싶다는 생각이 든다든지, 갑자기 여자 가슴을 확 만져 버리거나 확 옷을 벗겨 버리는 등 금지된 생각을 억제하지 못합니다. 또는 그런 행동을 하지 않도록 억제하기 위해 여자가 지나가면 꼼짝 않고 가만히 있습니다.

4. 지나친 종교적 또는 도덕적 의심

가령 독실한 기독교인이라면, 신에 대한 믿음이 깨질까봐 두려워하고 신에게 욕하고 싶다는 생각이 반복적으로 떠오릅니다. 이 때문에 죄책감에 휩싸이고, 잠들기 전에 신에게 기도하면서 회개하는 행동을 반복하기도 합니다.

5. 금지된 사고

주로 죽음이나 성적인 것과 관련됩니다. 엄마처럼 근친과 성관계를 맺거나, 부모에게 계속 욕하는 사고가 계속 떠오릅니다. 그래서 "나 정말 괜찮은 걸까?" 하고 계속 확인하는 증상을 동반합니다.

6. 물건을 똑바로 놔야 하는 욕구 및 숫자 세기

자신이 배열해 두는 순서대로 물건이 똑바로 되어 있지 않으면 짜증이나 화를 내고, 심해지면 공격적인 행동을 보입니다. 옷을 입어도 같은 순서로 입어야 하지요. 손을 6번 씻는다고 정해놨는데, 실수로 6번을 채우지 않았으면 처음부터 다시 씻습니다. 신발 끈도 매는 순서대로 안 되면 풀고 처음부터 다시 묶습니다. 이런 강박증은 불안하고 긴장되며 집중이 안 되는 문제를 야기합니다.

강박증은 약물치료와 인지행동치료가 중요

강박증 치료에서는 약물치료와 인지행동치료가 중요합니다. 불안과 강박적 충동을 억제하는 한약이 도움이 되지요. 인지행동치료는 강박증에 대해 제대로 알려주고 잘못된 생각을 수정하여 행동을 바꿔줍니다. 이때 가장 중요한 것은 노출과 반응 억제예요. 아이를 불안한 상황에 노출시키고, 강박적 의식(불안을 없애기 위해 반복하는 행동)을 하고자 하는 충동에 저항하도록 도와줌으로써 강박행동을 예방하는 것이지요.

의사는 아이가 두려워하는 상황에 대해 몇 분 동안 상세하게 이야기함으로써 불안을 유발하는데, 이때 아이에게 불안을 회피하기 위한 생각이나 행동을 절대로 하지 못하게 합니다. 아이의 불안이 미리 결정한 수준으로 감소할 때까지 계속 노출을 반복합니다. 처음에는 이렇게 상상을 통한 노출 방법을 사용하다가 아이가 참는 힘이 커지면 집에서도 같은 방법을 시도해 볼 수 있습니다.

먼저 아이가 불안을 느끼는 실제 상황에 아이를 노출시킵니다. 이때 가족들은 아이에게 아무런 관심도 보이지 말고 강박행동에 대해서도 모른 척해야 해요. 부모는 아이가 강박행동을 하지 못하도록 막아야 하는데, 이때 아이가 가장 덜 불편한 상황에서부터 시작합니다. 아이가 견디는 힘이 점차 커지면 조금 더 불편한 상황에 노출시킵니다. 이처럼 점진적으로 불안한 상황에 노출시켜 적응시키면 강박사고와 강박행동이 줄어들어요. 이때 중요한 점은 너무 욕심부리지 말고 아이가 견딜 수 있는 한도 내에서 천천히 노출시켜야 한다는 것입니다.

이처럼 불안한 상황에 노출한 뒤 반응을 억제하는 방법은 오염에 대한 공포, 숫자/반복에 대한 강박, 공격적 충동을 억제하기 어려운 강박, 대칭적으로 정리정돈 해야 하는 강박 등에 효과가 있어요. 지나치게 꼼꼼하거나 도덕적인 죄책감 또는 병적인 의심을 가지고 있을 때는 잘못된 생각을 바꿀 수 있도록 상담이 필요합니다.

주로 강박사고만 있거나 유발요인이 있는 경우에는 치료 예후가 좋아요. 그러나 복잡한 강박증상이 여러 가지로 나타나거나 강박행위가 심하거나 괴상한 경우, 강박에 대해 망상적 믿음이 있는 경우에는 치료 예후가 좋지 않지요. 가장 중요한 것은 빨리 발견하여 초기부터 적극적으로 치료하는 것입니다.

　강박은 자신이 생각하거나 행동하는 것이 비이성적인 것을 알고 있지만, 불안하니까 어쩔 수 없이 그런 생각과 행동을 하는 것입니다. 예를 들어 아이가 엄마한테 계속 "엄마, 나 괜찮지?", "우리 집에 도둑 안 들었지?" 하고 5분 간격으로 물어보는 것은 불안하기 때문이에요. 귀찮아도 계속 안심시켜줘야 합니다. 강박이 심한 아이들은 사실이 아닌 것을 진짜라고 망상처럼 믿어버리기도 해요. 믿음이 강하면 강할수록 치료가 어렵고 조현병처럼 예후가 안 좋습니다.

스마트폰으로 몰래 야동을 봐요

초등학교 5학년 승훈이(남, 12세)는 평소에 겁이 많고 모범적인 아이입니다. 마음이 여리고 순수해서 거짓말도 잘 못 하는데, 어느 날 친구들과 야동을 보게 되었습니다. 처음 야동을 접하고 나서 더럽다는 느낌을 받았으며, 동영상의 주인공을 엄마와 자꾸 겹쳐 보게 되었지요.

남자가 엄마 뒤로 지나치기만 해도 너무 힘들어했으며, 부모에게 욕하는 이미지가 속으로 자꾸 떠올랐습니다. 칼로 성기를 잘라 피가 나는 이미지가 반복적으로 떠올랐고, 죄책감과 분노에 휩싸이면서 불안해졌습니다. 엄마한테는 친구들이 자신의 성기를 만져보고 싶다고 했다고 반복해서 이야기했습니다.

초등학교 4학년 때 친구들에게 왕따를 당했고, 그때 야동을 처음 봤다고 엄마를 볼 때마다 백 번이고 천 번이고 반복적으로 얘기했지요. 이것이 바로 강박행동입니다. 시간이 지나면서 강박사고가 동생을 죽이고 싶은 생각으로 바뀌었습니다. 그런 한편으로 동생이 죽으면 어떡하지 하는 불안한 생각도 들었습니다.

옆에 여자가 지나가면 여자의 가슴을 만지고 싶다는 욕구도 들었습니다. 그래서 자기도 모르게 여자의 가슴을 만질까봐 무서운 나머지, 여자가 완전히 지나갈 때까지 사람들 사이에서 차렷 자세로 꼼짝도 하지 않고 서 있었습니다. 또는 사람 많은 데는 가지 않거나 주변에 여자가 없는지 계속 살폈습니다.

아이들의 강박을 유발하는 트리거 중 하나가 야동입니다. 성교육이 안 된 상태에서 야동을 보면 성에 대해 잘못된 인식이나 강박이 생길 수 있어요. 이는 내면이 순수하고 깔끔한 아이일수록 더 잘 생깁니다. 아이는 심한 죄책감에 시달리며 심리적 갈등이 야기되면서 강박증을 갖게 됩니다.

대개 아이들이 야동을 본 사실을 부모에게 숨기므로 강박증을 나중에 발견하는 경우가 많지만, 승훈이의 경우 증상이 너무 심해서 예외적으로 일찍 발견했습니다.

>> DOCTOR'S SOLUTION >>

초등학교 4학년은 아이 심리에서 가장 중요한 시기입니다. 아이들의 강박증은 보통 초등학교 4학년을 전후해서 많이 생겨요. 10세 전후로 뇌 신경세포에서 가지치기 현상이 활발하게 일어나며 신체에서는 호르몬 변화가 생깁니다. 정신적으로나 신체적으로나 많은 변화가 오는 시기이지요.

이 시기는 스트레스에도 취약한 시기입니다. 마음을 공감하는 '진짜 친구'를 사귀는 시기다 보니 친구 관계로 스트레스도 많이 받고 왕따도 많이 생기지요. 전학을 가려면 저학년 때 가라는 이유도 바로 여기에 있어요. 아니면 아예 중학교에 입학하면서 전학을 가는 것이 낫습니다. 4~6학년 사이에 전학하는 것이 아이에게는 가장 안 좋아요. 신체 변화와 함께 왕따, 성 고민, 학습 스트레스 등이 트리거로 작용하여 강박증이 생기기 쉽기 때문이에요.

아이에게 "호르몬의 발달로 성적인 욕구가 생기는 건 당연한 거야. 야동을 봤다고 죄책감을 가질 필요는 없어. 네 잘못이 아니라 뇌가 성장하는 과정에서 아직 미성숙해서 일어난 일이니 네 잘못이 아니란다. 크면 괜찮을 거야."라고 먼저 이해시켜야 합니다. "어른들도 너만할 때 다 그랬어. 하지만 야동이나 무섭고 자극적인 영상을 반복적으로 보지는 않는 게 좋아."라고 말하며 안심시켜 주세요.

평소 아이에게 성교육을 잘 시키고 야동에 노출되지 않도록 조심할 필요도 있습니다. 아이들은 성에 관한 문제를 숨기는 경우가 많으므로 대화를 많이 나누어 평소에 불안을 느끼지 않도록 잘 관리해 주어야 해요. 그리고 어린 나이에 죽음과 관련된 영상이나 비도덕적이고 자극적인 내용이 담긴 영상을 보는 것은 트리거가 될 수 있으니 주의해야 합니다.

강박은 크게 이성적인 것과 본능적인 것의 충돌로 볼 수 있어요. 본능이 앞서서 이성을 밀어내는 것이지요. 따라서 불안을 없애 주면서 뇌가 잘 성장하도록 도와주는 것이 중요합니다.

강박증 아이, 집에서 어떻게 다뤄야 할까?

아이가 반복적으로 강박행동을 할 때, 힘들고 짜증나더라도 아이가 안심할 수 있도록 잘 이야기해 주고 질문에 계속 답해 주세요. 그리고 잘 치료하면 나을 수 있다고 알려 주세요. 강박증 아이의 부모가 가장 힘들어하는 것이 같은 질문에 하루 종일 반복해서 대답해 주어야 한다는 것입니다. 아이가 불안하니까 계속 질문하고 확인하거든요.

부모도 처음에는 좋게 대답하지만 같은 질문이 시도 때도 없이 반복되면 결국 짜증이 날 수밖에 없어요. 결국 참지 못하고 화를 내게 되지요. 그러면 아이는 더욱 불안을 느끼고 결과적으로 강박행동이 심해집니다. 힘들더라도 아이에게 일종의 세뇌처럼 "괜찮다, 괜찮다, 괜찮다."라고 반복해서 안심시켜 주세요. "이거 더 이상 생각하지 마!"라고 말하는 것은 증상 완화에 아무 도움도 되지 않습니다.

강박은 자신의 의지와 상관없이 저절로 떠오르는 자동사고입니다. 일종의 배고픔처럼 억제하면 할수록 더 떠오르지요. 따라서 아이에게 강박사고를 억제하라고 요구하기보다는 자신이 좋아하는 관심사에 주의를 돌리도록 유도해야 합니다. 이때 컴퓨터게임 말고 음악을 배우거나 그림을 그리는 등의 활동을 하며 자동으로 떠오르는 생각을 잊을 수 있도록 도와주세요.

아이가 참는 능력을 어느 정도 갖췄다면 불안을 느끼는 상황에 적응할 수 있도록 조금씩 노출시키세요. 너무 욕심을 부려 무리하게 진행하는 것은 좋지 않아요. 체질에 맞지 않고 충동을 일으키는 음식도

피하는 것이 좋아요. 마늘, 고추, 튀김요리, 탄산음료처럼 맵거나 자극적인 음식 말고 담백한 음식이나 대추차, 녹차처럼 마음을 차분하게 가라앉히는 차를 권합니다.

심리 문제는 전문가에게 맡겨라

아이들이 이상한 행동을 보이면 빨리 전문가에게 상의해야 합니다. 아이들도 부모보다는 전문가 말을 더 잘 듣고 공감하게 마련이에요. 심리적인 문제는 빨리 발견하면 치료가 잘되기 때문에 성인까지 이어지지 않습니다. 그러나 중고등학교 때처럼 늦게 발견하면 치료하기도 쉽지 않고 성인까지 이어질 확률이 높아져요. 강박증과 같은 질환은 아이들이 자신이 이상한지 아닌지 판단을 잘 내리지 못하고, 직접 물어보기 전까지는 상태를 잘 모르므로 아이의 행동을 세심히 관찰하고 최대한 대화를 많이 나누어야 합니다.

조금만 밀어붙여도
강박감을 호소해요

초등학교 3학년 하은이(여, 10세)는 6세 무렵에 일반 유치원에서 영어 유치원으로 옮기는 과정에서 스트레스를 심하게 받았습니다. 특히 엄마에게 공부에 대한 압박을 많이 받았지요. 그 결과 초등학교 1학년 때 눈을 깜빡거리는 틱 증상이 생겼고, 초등학교 2학년 때 갑자기 증상이 폭발했습니다. "어어어.", "앗앗!" 하고 소리를 내는 음성 틱과 다리를 움찔움찔 떠는 운동 틱이 동시에 온 것입니다.

그러다가 점점 예후가 나빠지면서 앉아 있으면 몸과 어깨를 들썩이는 복합 틱까지 생겼습니다. 여기서 더 지나니 말할 때 첫음절에 악센트를 주는 식으로 음성 틱이 더욱 악화되었고, 결국 투레트 증후군으로 진행되었지요.

병원에 오게 된 직접적인 계기는 틱 증상이었는데, 진료를 해보니 그것만 있는 게 아니었습니다. 손가락을 입에 계속 넣고 싶은 생각이 든다는 강박사고는 물론 실제로 손가락을 넣는 강박행동을 보였고, 나중에는 젓가락이나 연필처럼 뾰족한 걸 입에 넣는 강박행동으로 발전했습니다. 또한 막 욕하고 싶다는 생각도 들었고, 숨을 안 쉬고 꾹 참고 싶은 생각도 들었으며 실제로 숨어서 괴로울 때까지 숨을 참다 죽을 뻔한 느낌도 받았습니다.

하은이네는 독실한 기독교 집안으로 엄마가 하지 말라고 엄격하게 관리하는 부분이 많았습니다. 부모는 모르는 사실이었지만, 하은이는 욕하고 싶다는 욕구를 신에게까지 풀고 있었습니다. 일종의 신성모독 강박이 있었던 것이지요. 신한테 욕하고 자기 전에 회개기도를 30분~1시간 동안 하지 않으면 잠도 자지 못했습니다. 특히 이 이야기는 신을 모독했다는 죄책감 때문에 아무한테도 말하지 못했던 부분이었지요.

하은이는 발달상에 문제가 없고 집중력과 머리가 좋은 아이였습니다. 다만 외삼촌에게 투레트 증후군이 나타났고 엄마는 무기력하고 우울증을 앓고 있었지요. 모계쪽으로 유전성향을 가지고 있는 데다가, 강박적 성향을 지닌 엄마가 아이를 완벽하게 통제하려고 하면서 강박증이 생긴 것으로 보였습니다.

>> DOCTOR'S SOLUTION >>

하은이의 경우에는 엄마도 함께 상담을 받아야 하는데 병원에 함께 오지 않았습니다. 아이가 아픈 걸 인정하기 싫었던 것이지요. 반면 아빠는 자신도 우울증 약을 먹고 있어서 하은이의 아픔을 안다며 아이의 치료에 적극적으로 나섰습니다.

저는 아빠에게 "엄마가 아이에게 너무 완벽을 요구하지 말고, 공부에 대한 스트레스가 많으니 학습량을 줄여주라고 전해 주세요. 하은이는 뛰어난 지적 자원을 가지고 있으니 너무 압박하지 않아도 됩니다. 엄마가 변하기 힘들다면 아빠가 엄마를 설득하여 아이가 힘들어하지 않도록 힘을 써주세요. 아빠가 아이 편을 많이 들어줘야 합니다."라고 조언했습니다.

하은이에게는 "네가 이런 생각과 행동을 하는 것은 일부러 그러는 것이 아니야. 음식을 안 먹으면 배가 고프듯이 너의 의지와는 상관없이 그냥 저절로 드는 생각이지. 억제할수록 더 드는 생각이니 일부러 통제하지 않아도 돼. 다른 좋아하는 것에 집중하면 이런 생각들은 자연스럽게 사라진단다. 만약 그래도 떠오르면 네 잘못이 아니니 억지로 떨치려 하지 마. 그리고 스트레스를 받으면 아빠나 주변 사람에게 충분히 이야기해서 도움을 받아."라고 주문했습니다. 죄책감을 많이 떨쳐내 주어야만 아이도 치료에 적극적으로 참여합니다.

이와 함께 강박적인 사고를 떨쳐내는 데 효과적인 '사고 중지 기법'을 가르쳐 주었습니다. 사고 중지 기법은 불안하고 강박적인 생각이 들 때 마음속으로든 겉으로든 "그만!"이라고 외치는 것입니다. 학교나 혹은 길거리에서 소리치기 곤란하면 손목에 고무줄을 차고 다니다가 그런 생각이 침투할 때 고무줄을 튕기면서 속으로 "그만!"이라고 외쳐도 되지요.

손목의 내관혈에 침을 놓거나 지압을 하면 가슴이 두근거리고 불안할 때 진정되는 효과가 있습니다. 여기에 피내침을 붙이고 평소 자주 눌러주면 좋아요. 그러다 갑자기 강박적 사고가 떠오르면 속으로 '그만!', '이 생각은 아무것도 아니야!'라고 외치면서 정신을 집중해서 내관혈을 눌러줍니다. 이때 강박적 사고가 줄어들 때까지 5~10분 정도 눌러주세요.

가슴이 두근거리고 호흡이 빨라지며 얼굴이 붉어지는 신체 증상이 나타날 때는 심호흡을 하도록 합니다. 천천히 3~4초 정도 숨을 들이쉬고 나서 4~5초 정도 천천히 내쉽니다. 이때 가능한 한 숨이 배꼽 아래까지 내려가도록 깊이 들이쉽니다. 이렇게 천천히 심호흡을 하면 흥분된 교감신경이 안정되면서 신체 증상도 사라집니다.

이렇게 반복하다 보면 아이는 불안하고 부끄러운 강박사고를 스스로 중단하거나 통제할 수 있음을 깨닫게 돼요. 이런 사고 중지 기법은 강박증뿐만 아니라 겁이 많고 마음이 불안한 아이들에게 적용하면 많은 도움이 됩니다.

강박증과 틱 장애는 사촌 관계

강박증은 틱 장애와 함께 오는 경우가 많습니다. 유전인자가 서로 같은 경우가 많기 때문이에요. 부모의 틱이 강박증으로 유전되기도 하고, 강박증이 틱으로 유전되기도 합니다. 서로 교차유전이 되지요.

틱이 심한 경우가 투레트 증후군인데, 투레트 증후군의 25%는 강박증을 동반해요. 보통은 틱이 먼저 오고 2~3년 있다가 강박이 옵니다. 틱 장애가 발생하는 평균 연령은 8.7세이고, 강박증의 평균 발생 연령은 10.8세입니다.

특히 투렛 증후군이 강박증을 동반할 때는 투렛 증후군 하나만 나타나는 경우보다 음성 틱이나 복합 틱을 동반하는 경우가 더 많으므로 예후가 좋지 않아요. 그리고 틱이 상당 부분 호전된 뒤에도 강박증은 더 늦게까지 남는 경우가 많지요.

어떤 아이들은 틱 증상보다 오히려 강박으로 인해 더욱 고통 받습니다. 겉으로 드러난 틱뿐만 아니라 숨어 있는 강박도 신경 써야 해요. 하지만 숨어 있는 강박은 세심하게 살펴보지 않으면 알아채기 쉽지 않으므로, 평소 아이가 고민하고 힘들어하는 부분은 없는지 자주 대화를 나눠보세요.

Chapter 9

본인 의지가 아니어서
더욱 괴로운 틱

틱은 본인의 의지와 상관없이 나타난다

본인의 의지와는 관계없이 무의식적으로 갑자기 얼굴을 찡그리거나 머리를 흔들고 어깨를 들썩이며 반복적으로 소리를 내는 것을 틱 장애라고 합니다. 틱 장애의 원인은 뇌의 신경학적 문제나 심리적인 문제예요.

증상이 가벼운 경우는 심리적인 문제가 주원인이고, 증상이 심한 경우는 운동신경계를 제어하는 뇌의 신경학적 문제가 주원인입니다. 그리고 환경적·심리적인 문제는 틱 증상을 유발하거나 악화시키는 원인이 되지요. 예를 들어 아이가 스트레스로 인해 일시적으로 눈을 깜박거리는 틱 증상이 나타나더라도, 엄마가 마음을 편안하게 해주고 애정을 주면 한두 달 지나면서 저절로 없어지기도 합니다. 하지만 아이가 지속적으로 스트레스에 노출되면 눈을 깜박거리는 증상이 더욱 심해져서 얼굴을 찡그리고 머리를 흔들고 신음을 내는 형태로 틱이 더 악화되기도 합니다.

스트레스를 주는 환경이 없어졌는데도 눈을 깜박거리거나 얼굴을 찡그리는 틱이 점점 나빠지는 아이들이 있어요. 이런 경우에는 심리적인 문제가 트리거로 작용했지만, 선천적으로 틱을 발생시킬 만한 뇌의 신경학적인 문제를 타고났다고 볼 수 있습니다.

이럴 땐 심리적인 문제만 해결한다고 해서 치료되지 않아요. 뇌의 신경학적인 문제도 같이 해결해 주어야만 완치가 가능합니다. 틱 장애가 나타났을 때 가장 중요한 것은 이 증상이 가볍게 지나갈 문제인지, 점점 나빠질 증상인지 구분하는 거예요.

성장환경에 아무 문제가 없는 경우에는 일시적으로 나타났다가 끝나기도 합니다. 그러나 아이가 ADHD나 불안장애를 가지고 있거나 부모가 강박증이나 틱을 가지고 있으면 유전적인 인자로 인해서 아이의 틱이 나빠질 가능성이 상당히 높아요.

심리적인 문제에서 오는 틱은 눈만 깜빡이다 끝나는 경우가 많아요. 반면 신경학적인 문제에서 오는 틱은 나타나는 부위가 점차 얼굴에서 목, 어깨, 배, 다리 순으로 점차 밑으로 내려가거나 음성 틱이 함께 나타나는 특징이 있습니다.

틱에서 공통적으로 나타나는 특징

· 본인의 의지와는 상관없이 나타난다.

· 악화와 완화를 반복한다.

· 오전에는 줄어들었다가 저녁에 심해진다.

· 스트레스를 받으면 심해진다.

· 일시적으로 억제할 수 있다.

· 관심 있는 분야에 집중할 때는 줄어든다.

증상에 따라 운동 틱과 음성 틱으로 구분한다

틱은 나타나는 증상에 따라 운동 틱과 음성 틱으로 구분하고, 다시 형태에 따라 단순형과 복합형으로 구분합니다. 단순형 틱은 짧은 기간에 갑자기 의미 없는 동작을 반복하는 형태를 띠고, 복합형 틱은 움직임이나 소리가 좀 더 조직화되고 오랫동안 반복하기 때문에 특정한 목적이 있는 것처럼 보입니다.

운동 틱(또는 근육 틱)은 근육이 불규칙적으로 움직이는 틱을 말합니다. 주로 눈을 깜박거리고 얼굴을 찡그리고 머리를 한쪽으로 빠르게 젖히는 등의 갑작스러운 동작이나 운동으로 나타나요.

단순 운동 틱은 한 개 혹은 여러 개의 근육군이 관여하여 나타나며, 간대성 운동 틱과 긴장성 운동 틱으로 구분합니다. 아주 급격하고 짧은 기간에 근육이 경련하듯이 나타나는 간대성 운동 틱은 머리를 한쪽으로 빠르게 젖히거나 팔다리를 경련하듯이 흔드는 형태예요. 긴장성

| 증상에 따른 분류 |

틱 종류	단순형	복합형
운동 틱	눈 깜박이기, 얼굴 찡그리기, 입 벌리기, 머리 끄떡이기, 머리 흔들기, 머리 돌리기, 어깨 으쓱하기, 팔다리 흔들기, 배 실룩거리기	펄쩍 뛰어오르기, 손의 냄새 맡기, 신체나 사물 만지기, 물건 던지기, 자신을 때리기, 남의 행동을 그대로 따라 하기(반향행동), 성기부위 만지기(외설행동)
음성 틱	킁킁거리기, 헛기침하기, 신음소리, 딸꾹질하기, 한숨 쉬기, 콧바람 불기, 휘파람 부는 소리, 소리 지르기	"옳아.", "아니요.", "입 닥쳐.", "그만해." 등과 같이 사회적인 상황과 관계없는 단어 말하기, 남의 말 따라하기, 욕설과 음란한 말하기

운동 틱은 지속적인 근육 수축입니다. 팔을 펴거나 근육에 힘을 주는 등의 형태로 고개가 한쪽으로 돌아가거나 팔다리를 꼬듯이 나타나지요.

복합 운동 틱은 여러 종류의 정상적인 운동과 비슷하게 여러 근육이 동시에 수축하는 것을 가리켜요. 주로 깨물기, 던지기, 때리기, 펄쩍 뛰어오르기, 팔다리를 동시에 펴기, 무릎 구부리기, 몸통 회전하기, 손의 냄새 맡기, 물건이나 자신을 만지기, 남의 행동을 그대로 따라 하기, 성기 부위 만지기 등의 형태로 나타납니다.

음성 틱은 발성에 관여하는 후두 및 구강, 횡격막 등의 근육기관이 불수의적으로 수축하여 자신도 모르게 소리를 내거나 말하는 것을 가리키지요. 처음에는 헛기침이나 코를 훌쩍거리는 형태로 시작하여 점차 신음을 내거나 소리를 지르는 형태로 진행해요. 대부분의 음성 틱은 갑자기 '음음', '아', '악' 등과 같이 짧은 소리를 내는 가볍고 단순한 형태로 나타나지만, 간혹 다른 사람의 말을 반복해서 따라하거나 욕설과 음란한 말을 반복하는 형태로 악화되기도 해요.

틱은 같은 증상이 하루 중 갑자기 반복해서 나타나고, 피곤하거나 스트레스를 받는 상황에서 더욱 심해지기도 합니다. 어떤 틱 증상은 곧 틱을 할 것 같은 느낌이나 충동이 먼저 나타나기도 하지요. 수주 또는 수개월 동안 증상이 악화되거나 호전될 수도 있고, 오래된 틱이 완전히 새로운 틱으로 바뀌기도 합니다.

반복적으로 눈동자를 굴리고
얼굴을 찡그려요

초등학교 2학년 진주(여, 9세)는 눈동자를 굴리거나 입을 반복적으로 크게 벌리고, 얼굴을 찡그리며, 팔 경련과 함께 몸을 들썩거리는 심한 운동 틱이 있어서 내원했습니다. 6세 때 갑자기 배를 중심으로 경련하는 증상이 생겼는데 간질인 줄 알고 검사한 결과 틱 장애 진단을 받았습니다. 7세 때는 틱이 심해져 몸을 경련하면서 팔을 들썩거리고, 걸어갈 때 다리가 꼬여서 자주 넘어졌습니다. 소아정신과에서 치료를 받았으나 부작용이 심해서 치료를 중단할 수밖에 없었지요.

진주는 ADHD도 함께 있어서 의자에 앉아 있지 못하고 돌아다니거나 주의가 산만했습니다. 다행히 발달에는 별다른 장애가 없었고 지능도 좋은 편이었으며 친구관계에도 문제가 없었습니다. ADHD도 심하지 않아서 학교 선생님들도 산만하고 집중을 못 하는 정도로 여겼습니다.

진주는 불안, 우울과 같은 심리적 문제는 없었어요. 엄마도 상당히 정상적으로 교육하여 애착관계도 좋았지요. 다만, 엄마가 진주의 틱으로 인해 스트레스를 많이 받았어요. 예민한 엄마는 아이의 틱으로 인해 우울증이나 노이로제가 생기기도 합니다. 어떤 엄마는 하루 종일 아이의 틱 증상을 관찰하기도 하는데 이런 행동은 상당히 좋지 않아요. 엄마의 노이로제가 더 심해질 뿐만 아니라 아이도 눈치를 보게 되거든요. 그러면 아이는 엄마가 볼 때는 틱을 참았다가 몰래 틱을 더 심하게 합니다. 그러면서 아이의 자존감도 점점 약해지지요.

저는 진주 엄마에게 하루 종일 아이를 관찰하지 말라고 조언했습니다. 틱은 하루 중 잠들기 1~2시간 전에 가장 심해지므로 이때만 아이의 틱을 관찰하면 됩니다. 저녁에 틱이 많이 줄어들면 낮에는 틱이 보이지 않아요. 그리고 아이에게 틱을 하지 말라고 지적하거나 혼내면 안 됩니다.

틱 장애가 뇌의 신경학적 문제로 발생한 경우 심리치료는 크게 도움이 되지 않아요. 따라서 1차 치료는 틱 증상을 없애고 주의력 문제를 개선해 주는 약물치료를 중심으로 진행합니다. 진주의 경우에도 뇌 신경학적 문제가 주요 원인이기 때문에 틱을 억제하고 뇌 성장에 도움이 되는 한약을 복용하게 했습니다. 이와 함께 약침, 뜸, 추나요법 등을 함께 시술했지요.

진주처럼 운동 틱이 다리에서 나타나면 많이 심해진 형태입니다. 치료하지 않고 방치하면 더욱 심해져 신음을 내거나 소리를 지르는 음성 틱이 나타나는 경우가 많아요. 특히 뇌와 호르몬에 많은 변화가 오는 초등학교 4학년 때 증상이 확 나빠질 가능성이 매우 높습니다. 친구들한테 놀림 받아서 생기는 우울증과 불안장애는 또 다른 문제를 야기할 수 있으며, 주의력에 문제가 생기면 성적도 나빠질 수 있어요. 만약 부모가 그 상황에 대해 압박한다면 반항장애까지 올 수 있지요.

아이가 틱일 때 주의사항

1. 지적하지 마세요

예전에는 틱이 보이면 하지 말라고 지적하거나 심하면 혼내기도 했어요. 그러면 일시적으로는 증상이 안 보일지 몰라도 심리적 불안을 야기하여 결과적으로 더 악화되는 경우가 많습니다.

2. 관찰하지 마세요

아이가 틱을 하는지 안 하는지 하루 종일 관찰하면 아이도 눈치를 챕니다. '내가 틱이 있어서 엄마가 계속 쳐다보는구나.'라고 생각하고 엄마 시선을 피하게 되지요. 이것도 결국 지적하는 것과 같습니다. 계속 쳐다보면 틱이 아닌 행동도 틱처럼 보여요. 지나치게 관찰하면 엄마도 신경쇠약에 걸리고 스트레스를 받습니다.

3. 컴퓨터와 TV 사용을 줄이세요

컴퓨터, 닌텐도, 스마트폰, TV, VR 등 전자제품 사용을 제한하는 것이 좋습니다. 화면이 빨리 바뀌는 게임 등의 시각적 자극을 많이 받으면 틱이 심해지기 때문이에요. 내용이 자극적인 영화, 판타지나 SF 영화도 자극이 될 수 있어요. 괜찮다가도 그런 영화를 보고 나서 증세가 확 나빠지는 아이도 있거든요. 마찬가지로 불안이나 공포를 야기하거나 너무 재미있어서 뇌를 흥분시키는 영화도 좋지 않습니다.

4. 아이의 증상에 너무 민감하지 반응하지 마세요

틱은 호전과 악화를 반복하는 것이 특징입니다. 아이들은 코감기나 기침감기에 걸려도 일시적으로 틱이 더 심해질 수 있어요. 코감기는 운동 틱, 기침감기는 음성 틱을 더 유발하지만 감기증상을 치료하면 괜찮아집니다. 일시적으로 조금 나빠졌다고 해서 엄마가 너무 민감하게 반응하면 아이도 눈치채고 불안해하며 안 좋은 영향을 받을 수 있어요. 반대로 조금 좋아졌다고 너무 티내는 것도 좋지 않습니다. 조금 객관적으로 떨어져서 아이를 대하는 것이 좋지요. 치료 방법도 이 방법, 저 방법 전전하면서 이랬다가 저랬다가 하면 되레 치료 기간이 더 길어질 수 있습니다.

5. 스트레스를 풀어준다고 아이를 놀이동산에 데려가거나 억지로 운동시키지 마세요

적절한 운동이나 취미활동, 여행, 캠핑은 도움이 돼요. 그러나 아이가 따라와 줘야지 억지로 시키면 문제가 됩니다. 또한 지나친 경쟁을 유발하는 운동도 스트레스를 야기합니다. 놀이동산은 공포나 재미로 인해 뇌의 흥분도가 올라가서 증상을 악화시킬 수 있어요. 가벼운 물놀이는 괜찮으나 높이 올라가서 미끄럼을 타는 물놀이는 좋지 않아요. 스릴과 재미가 공존하면서 쾌감을 느끼는 운동은 치료 기간에는 피하도록 합니다.

6. 음식에도 세심히 신경 써주세요

맵고 짜고 자극적인 음식, 인스턴트, 카페인음료, 청량음료 등은 피하세요. 설탕, 튀김, 인공색소, 화학첨가물도 좋지 않아요. 채소나 통곡물, 과일, 필수지방산을 많이 함유한 연어, 고등어, 콩, 호두 등이 좋습니다.

새 학기만 시작되면
틱이 심해져요

초등학교 3학년 규민이(남, 10세)는 눈을 깜박거리고 고개를 옆으로 젖히며 어깨를 들썩거리는 틱과 함께 손톱을 물어뜯는 증상으로 병원을 찾아왔습니다. 규민이는 어려서부터 소심하고 내성적이었습니다. 어린이집이나 유치원에서 자기주도적이지 못하고 친구들이 하자는 대로 따라가는 유형이었지요.

다른 남자아이들에 비해 활동량이 적고 얌전한 편이었고, 다른 친구들의 부탁을 거절하지 못했습니다. 새로운 환경에 적응하는 것을 어려워하여 새 학기가 되면 항상 스트레스를 받았어요. 운동신경도 괜찮고 성적도 좋아서 사실 외부에서 선생님이 봤을 때는 아무런 문제가 없는 아이였지요. 그런데 3학년이 되면서 본격적인 문제가 생겼습니다.

새 학기가 시작되면서 불안하고 긴장도가 올라가서 그런지 배 아프다는 소리를 자주 했습니다. 알고 보니 규민이를 만만하게 보고 괴롭히는 아이가 생겼고, 그로 인해 틱이 생겼지요. 처음에는 틱이 있다가 없다가 했는데 스트레스를 받으면서 점점 심해졌습니다. 부모관계는 문제가 없었지만 교우관계가 문제가 된 것입니다.

>> DOCTOR'S SOLUTION >>

학교에서 괴롭힘을 당하는 아이들에게서는 다양한 증상들이 나타납니다. 틱, 손톱 뜯기, 머리카락 뽑기 같은 증상이 나타나고, 불안하거나 우울하고 기운이 없어 보여요. 평소에는 멀쩡하다가도 학교에 가려고 하면 머리나 배가 아프다고 호소합니다. 심하면 학교에 가는 것을 거부하기도 하지요.

규민이는 학교에서의 괴롭힘이 트리거로 작용해서 틱이 발생한 경우입니다. 가장 먼저 규민이를 괴롭히는 아이와의 관계를 빨리 해결해야 합니다. 새 학기라 선생님이 아직 상황을 모르는 경우가 많으므로, 부모가 적극적으로 선생님에게 문제를 알리고 해결해 달라고 요구해야 해요.

평소 소심하고 내성적이며 자기의 의견을 잘 표현하지 못하는 아이들은 스트레스를 받으면 적절히 해소하지 못하고 몸으로 표현합니다. 틱이나 손톱 물어뜯기, 두통, 복통 등과 같은 신체적 증상으로 스트레스를 표출하는 것이지요. 그러므로 외부로 드러난 증상에만 신경을 쓸 것이 아니라 원인이 되는 내부의 심리적 요인에 집중해야 합니다.

환경 변화와 함께 다음으로 아이의 마음에 공감하고 지지해 주는 심리치료가 필요해요. 이때 아이에게 싫으면 싫다고 거부하고 자기의 생각을 적극적으로 이야기할 수 있도록 교육해야 합니다. 이와 함께 불안과 우울감을 없애고 틱을 억제하는 약을 복용합니다.

스트레스 받는 환경이 개선되지 않고 아이가 지속적으로 불안을 느끼면, 틱이 더 심해져 투레트 증후군으로 진행될 수 있어요. 또는 학교에 가기 싫어하는 학교공포증과 몸 여기저기 불편한 증상이 나타나는 신체화 장애까지도 올 수 있습니다. 규민이는 부모가 적극적으로 개입한 결과 다행히 3개월 만에 금방 증세가 좋아졌습니다.

틱은 초기 치료가 중요하다

일시적이거나 가벼운 틱은 치료하지 않고 지켜봐도 됩니다. 하지만 증상이 오래 지속되거나 빠르게 악화되면 바로 치료하는 것이 좋아요. 또한 틱이 나타나기 전부터 주의가 산만하거나 집중을 못 하는 등 ADHD가 의심되거나 평소 손톱을 물어뜯고, 지나치게 겁이 많고 불안한 모습을 보이는 경우에도 정밀 검사를 받아볼 필요가 있지요.

부모나 형제에게 틱이 있거나 강박성향이 있으면 틱이 나타나거나 악화될 가능성이 높기 때문에 초기에 적절히 치료하는 것이 중요해요. 틱 장애는 초기에 적절히 치료하면 치료도 잘되고 재발률도 떨어지지만, 증상이 심해진 후에 치료하면 치료기간도 오래 걸리고 후유증이 남을 가능성도 높아지거든요.

오랫동안 아이들의 틱 장애를 치료한 경험으로 볼 때 요즘은 예전과 많이 달라진 것을 느낍니다. 최근에 틱 장애를 치료하기 위해 내원한 아이들 중에서는 예전처럼 틱이 심한 아이를 찾아보기가 힘들어졌어요. 과거에는 음성 틱이 심해서 소리를 크게 지르거나 욕설이나 상스러운 말을 내뱉는 아이, 몸을 심하게 들썩거려 자리에 앉아 있지 못하거나 다리의 경련이 심해져 제대로 걷지 못하는 아이, 틱 장애와 함께 ADHD와 강박증이 심한 아이를 임상에서 자주 보았는데 말입니다. 부모가 틱 장애를 잘 이해하지 못해 방치되거나 잘못된 치료를 받는 아이들이 그만큼 많았던 것이지요.

아동기에 틱 장애를 제대로 치료하지 못하면 청소년기까지 지속되고, 이 시기에도 틱이 사라지지 않으면 성인기까지 후유증이 남을 수 있어요. 특히 틱 장애는 그 자체로도 문제가 될 수 있지만, 이로 인해 집중을 못 하거나 왕따를 당하거나 학교생활에 적응하지 못할 수도 있어요. 그리고 이런 문제들이 이차적으로 우울증, 반항장애, 품행장애로 진행되기도 하지요.

저는 부모님들께 이렇게 조언합니다.

"틱 장애는 초기에 적극적으로 치료해야 합니다. 틱을 유발한 근본 원인을 제거하고, 아이의 뇌가 잘 성장할 수 있도록 도와주세요. 그러면 아무리 심한 틱도 완치할 수 있습니다."

틱은 일정한 규칙성을 띠고 호전된다

틱은 호전과 악화를 반복하기 때문에 아이의 증상이 좋아지는지 나빠지는지 판단하기가 어려워요. 그래서 부모의 마음은 항상 불안하지요. 신경이 예민한 엄마는 아이의 틱 때문에 신경쇠약이 생기기도 합니다.

틱은 일정한 규칙성을 띠고 좋아져요. 틱이 악화된 것과 반대 순서로 호전되지요. 운동 틱의 경우 점차 눈이나 코에서 시작하여 점차 입, 얼굴, 목, 어깨, 팔, 배, 다리 순서로 위에서 아래로 내려가면서 나빠져요. 그러다가 심해지면 단순한 동작에서 점차 두세 개의 동작이 결합되는 복잡한 틱으로 바뀌지요. 좋아지면 이와 반대로 운동 틱이 나타나는 부위가 아래에서 다시 위로 올라가거나 복잡한 동작에서 단순한 동작으로 바뀌지요.

간혹 틱이 나빠지면 눈이나 얼굴 부위에 있는 운동 틱이 없어지지 않고 아래쪽에 새롭게 나타나기도 해요. 또는 위쪽에 나타나는 운동 틱이 없어지면서 아래쪽에서 새로운 운동 틱이 나타나기도 하지요. 좋아질 때는 아래쪽의 운동 틱이 없어지면서 예전에 사라졌던 위쪽의 운동 틱이 다시 나타나기도 합니다.

예를 들어, 배를 들썩이고 다리를 경련하는 운동 틱이 줄어들면 어깨나 상체를 들썩이는 증상으로 바뀌지요. 더 좋아지면 어깨나 상체를 들썩이는 증상이 줄어들고 얼굴을 찡그리거나 눈을 깜박이는 증상이 나타나요. 그러므로 운동 틱이 나타나는 부위가 점차 몸 아래쪽으로 내려가면 틱이 나빠지고, 몸 위쪽으로 올라가면 틱이 좋아진다고 판단할 수 있어요.

음성 틱은 대체로 헛기침(큼큼)이나 신음(음음)부터 시작되는 경우가 많아요. 이후 '아아' 하고 소리를 내거나 '악악' 하고 소리를 지르기도 하죠. 더 심해지면 말하는 도중에 첫음절을 강하게 발음하거나 같은 단어를 반복해서 말해요. 더욱 심해지면 '씨팔' 같은 욕을 하거나 상

틱을 완화하는 복식호흡법

❶ 편안한 자세로 천장을 바라보고 누워 눈을 감고 온몸의 긴장을 풉니다. 양미간에 힘을 풀고 입은 약간 벌리고 어깨는 자연스럽게 내립니다.

❷ 한쪽 손은 배 위에, 다른 한쪽 손은 가슴 위에 올려 둡니다. 배 위의 손이 오르내리는 느낌에 집중합니다.

❸ 4초간 천천히 공기를 흡입하면서 횡격막에 공기가 들어갈 공간을 마련하기 위해 배를 바깥쪽으로 내밉니다.

❹ 6초간 '휴' 소리를 내며 입으로 천천히 숨을 나누어 내쉬며 배를 살짝 안쪽으로 밀어 넣습니다.

❺ 여기까지를 1회로 하여 한 번에 30회 실시합니다. 아침저녁으로 최소한 하루에 2번, 한 번에 5분 이상 실시합니다.

※참고사항

들이쉬고 내쉬는 4초와 6초라는 시간이 절대적으로 정해져 있는 것은 아닙니다. 어지럽거나 불편함이 느껴진다면, 본인의 몸 상태에 맞춰 너무 크거나 깊게 숨 쉬려 하지 말고 평소보다 약간 느리고 부드럽게 호흡합니다.

스러운 말을 상황에 맞지 않게 내뱉기도 하지요. 음성 틱이 좋아질 때도 운동 틱처럼 나빠지는 순서와 반대 방향으로 진행해요. 그래서 마지막에 헛기침이나 신음이 다시 나타납니다.

그리고 음성 틱은 운동 틱보다 더 심한 증상이에요. 만약 운동 틱이 줄어들면서 새로운 음성 틱이 시작되거나 기존의 음성 틱이 심해지면 증상이 나빠진 거예요. 반대로 음성 틱이 줄어들면서 새로운 운동 틱이 시작되거나 기존의 운동 틱이 심해지면 증상이 좋아지는 것을 의미합니다.

틱은 밖에서는 줄어들고 집에서는 심해진다

틱은 대체로 오전에 덜하고 오후에 심해지는 경향이 있어요. 또한 유치원이나 학교에서는 증상이 가벼워지고 집에서는 심해지는 경향이 있지요. 간혹 유치원이나 학교에서 심해지기도 하는데, 그 이유는 유치원이나 학교에 스트레스를 받는 요인이 있기 때문이에요. 예를 들어, 분리불안이나 학교공포증이 있는 아이는 집에서는 틱이 줄었다가 학교에만 가면 심해집니다.

대체로 틱은 하루 중 잠들기 1~2시간 전에 가장 심해져요. 특히 잠들기 직전에 가장 심해지지요. 수면 중에는 틱이 약해지거나 없어지는데, 간혹 증상이 심하면 수면 중에도 나타나요. 증상이 좋아지면 오전에 집 밖에서부터 틱이 줄어들고 점차 오후에 집에서도 줄어들어요.

    아이에게 틱이 나타나면 부모는 학교에서도 틱이 심해서 아이들에게 놀림 받거나 선생님에게 지적 받아 아이가 심리적으로 위축되지는 않을까 걱정합니다. 그렇지만 학교에서는 집에서보다 틱이 줄어들기 때문에 처음에는 선생님이 증상을 발견하지 못하는 경우가 많아요. 아이의 틱이 어느 정도 심해져야 비로소 발견하지요. 그리고 틱이 좋아지면 집에서보다는 학교에서부터 증상이 먼저 줄어들어요. 그렇기 때문에 집에서 틱이 줄었다면 학교에서는 더 많이 줄었다고 생각해도 됩니다.

Chapter 10

가벼운 자폐증,
아스퍼거 증후군

언어발달 장애나 지연으로 인해 의사소통에 문제가 있고, 다른 사람과 사회적 상호작용을 잘하지 못하며, 무의미한 특정 행동을 반복하는 장애를 자폐스펙트럼 장애라고 합니다. 예전에 자폐장애, 아스퍼거 증후군, 레트장애, 소아기 붕괴성 장애라고 부르던 질환이 여기에 해당해요.

이 중에서 아스퍼거 증후군은 언어와 인지발달에는 큰 문제가 없으면서 자폐증과 비슷하게 사회적으로 상호교류를 하는 데 문제를 보이는 것으로, 가벼운 자폐증으로 불립니다. 자폐증이 언어발달 장애나 지연을 보이는 반면, 아스퍼거 증후군은 언어상 장애는 보이지 않으면서 몸짓, 표정 등과 같은 비언어적 내용을 이해하는 데 어려움이 있습니다. 또한 은유적이고 비유적인 말, 비꼬는 말, 농담이 섞인 말들을 잘 이해하지 못해요.

아스퍼거 증후군은 아동 1만 명당 1명 정도로 발병하며, 남아의 비율이 여아에 비해 3~10배 정도 더 많아요. 흔히 조현병, ADHD, 강박장애, 우울증, 불안, 틱, 투레트 증후군 등을 동반하기도 해요. 아스퍼거 아이들 중에서 공격성을 띠는 아이들을 과잉활동과 부주의 증상 때문에 ADHD로 오인하기도 하니 진단을 내릴 때 유의해야 합니다.

아스퍼거 증후군의 특징

아스퍼거 증후군을 진단할 때 가장 중요하게 보는 것은 다른 사람과 사회적 상호관계를 형성하는 데 문제가 없는지 여부예요. 다음 4가지 중에서 2가지 이상 해당되면 문제가 있다고 보지요.

첫째, 눈맞춤이나 얼굴 표정, 몸짓과 같은 비언어성 행동에 심각한 장애가 있습니다. 행동이나 몸짓 없이 로봇처럼 이야기하는 경향이 있어서 잘 모르는 사람은 화가 난 것으로 오해할 수 있어요.

둘째, 그 나이 대에 맞는 또래관계를 형성하지 못합니다. 자신보다 나이가 어리거나 많은 사람들과 어울리는 것을 더 좋아하지요.

셋째, 기쁨, 관심 또는 자신이 성취한 일에 대해 다른 사람과 자발적으로 공유하려고 하지 않습니다.

넷째, 사회적 또는 감정적 상호교류가 결여되어 있습니다. 타인이 우호적인 의도로 하는 농담인지 악의적인 의도로 놀리는 건지 잘 분별하지 못하지요. 그래서 친구가 거의 없어서 왕따를 당하거나 있어도 자기와 비슷한 아이들과 사귑니다.

또 다른 특징으로는 특정한 대상이나 물건에 굉장한 관심을 보이는 오타쿠 기질을 들 수 있습니다. 이러한 비정상적이고 특별한 관심은 2~3세 정도에 시작되는데, 자신이 관심 있는 것에는 전문가 수준으로 물건을 수집하거나 지식을 습득하는 경향이 있지요.

아이가 관심을 가지는 대상을 통해서도 현재 심리 상태를 추측해 볼 수 있어요. 죽음과 같이 음울한 주제에 몰입하는 것은 우울증을 의미하고 무기, 무술, 보복 등에 대한 관심은 학교에서 따돌림을 당하고 있음을 의미합니다.

　아이가 어릴 때 선풍기가 돌아가는 것을 한 시간씩 쳐다봤다거나, 장난감을 반복해서 일렬로 늘어놓았다거나, 친구들과 놀 때 안 어울리고 혼자 노는 것만 좋아했다면 아스퍼거 증후군 검사를 한번 해보세요.

사회성이 떨어져서 늘 불안해해요

중학교 2학년 요한이(남, 14세)는 출생 후 15개월쯤 중이염을 앓은 뒤로 다른 사람과 눈을 잘 마주치지 못했습니다. 그리고 언어습득이 늦어서 말도 늦게 트였습니다. 6세가 될 때까지 '아빠', '엄마', '밥' 같은 짧은 단어만을 구사하고 문장을 연결하지 못해서 언어치료를 받았지요.

언어치료 후 말은 제대로 하게 되었으나, 단순 언어는 이해해도 은유적이나 비유적 표현을 사용하는 화용 언어나 농담은 이해하지 못했습니다. 비꼬아서 한 말도 진짜 칭찬으로 알아듣는 식으로 말의 진짜 의미를 잘 이해하지 못했지요. 말의 의미를 이해하는 데는 사실 말의 내용보다 억양, 얼굴 표정, 몸짓 등이 더 중요합니다. 그런데 아스퍼거 증후군 아이들은 이러한 것을 이해하기 어렵기 때문에 농담을 이해하지 못하고 진짜로 알아듣지요. 그러니 당연히 친구관계가 좋지 않고 사회성이 떨어집니다.

초등학교 때 언어치료를 하면서 정신과에 간 요한이는 아스퍼거 증후군 진단을 받았습니다. 가벼운 아스퍼거 증후군은 증상이 잘 나타나지 않다가, 초등학교 4학년 무렵부터 문제가 발생하는 경우가 많습니다. 초등학교 4학년은 서로 공감할 수 있고 마음이 통하는 진정한 친구를 사귀는 시기인데, 아스퍼거 아이들은 다른 아이들과 공감이 잘되지 않기 때문에 친구를 사귀기 어렵고 왕따가 되는 경우가 흔합니다. 결국 왕따가 된 요한이는 우울증까지 생겨서 언어치료, 사회성훈련, 약물치료를 했는데도 완벽히 치료되지 않았습니다.

초등학교 6학년 때 대안학교를 보냈더니 잠시 괜찮았다가 중학교에 입학하면서 요한이는 다시 왕따를 당했습니다. 그래서 학교 내 심리상담센터를 다녔지만 그곳에서도 집단 괴롭힘을 당했습니다. 그 사실을 학교에 알렸다가 조사 도중 사건이 유출되어 결국 학교 전체에서 왕따를 당하게 되었지요. 그 뒤로 누가 자신을 해코지할 것 같다는 불안이 너무 심해져 내원했습니다.

>> DOCTOR'S SOLUTION >>

예전에는 자폐증과 아스퍼거 증후군을 사회성 발달, 언어발달, 또는 행동상 측면에서 발달이 지연되거나 어느 정도 발달되었다가 퇴행하는 특징이 있다고 하여 전반적 발달 장애로 분류하였습니다. 최근에는 자폐증, 아스퍼거 증후군 등을 따로 구분하여 진단하지 않고 자폐스펙트럼 장애로 통합하여 진단합니다. 다만, 증상의 심각도 수준에 따라 1~3단계로 구분하지요.

예전 분류에 따르면 자폐 증상이 심한 정도에 따라 자폐장애, 고기능 자폐, 아스퍼거 증후군 등으로 나뉘기도 합니다. 이 중에서 자폐장애가 가장 심한 장애에 해당하고, 아스퍼거 증후군이 제일 가벼운 질환에 해당해요. 자폐장애는 대부분 지적장애를 동반하며, 일생 동안 다른 사람의 도움을 받아야 하지요.

심각도 수준에 따라 1~3단계로 구분하면, 3단계는 상당히 많은 지원을 필요로 하는 수준으로 자폐 증상이 가장 심한 상태에 해당해요. 반면 1단계는 자폐 증상이 가장 가벼운 상태로, 아스퍼거 증후군을 가진 아이들이 대부분 여기에 해당합니다.

자폐스펙트럼 장애는 가능한 한 조기에 발견하여 치료를 시작하는 것이 좋아요. 치료가 늦어질수록 뇌기능의 저하가 더 심해질 수 있기 때문이지요. 자폐증상이 심한 경우에는 치료가 평생에 걸쳐 이루어지기도 합니다. 치료시기에 따라 치료 목표와 치료 방법이 달라져요.

어린 나이에 치료를 시작한 경우에는 우선적으로 뇌 성장을 돕고 발달을 촉진시키는 것을 목표로 삼아요. 그런 다음 사회적 상호작용의 결핍과 의사소통 문제를 호전시키는 치료를 합니다. 뇌 성장이 끝난 후에는 자폐 증상으로 인해 이차적으로 발생할 수 있는 불안이나 우울, 강박증, 공격행동을 치료하는 것을 목표로 합니다.

치료할 때는 기능 수준을 높이고 발달을 촉진하기 위한 사회심리적 치료와 증상 완화를 돕기 위한 약물치료를 적절히 적용해야 해요. 사회심리적 치료에는 전 발달 영역에 걸친 포괄적인 개입과 특정 기능의 향상에 중점을 둔 개입이 있어요.

전 발달 영역에 걸친 포괄적인 개입은 사회적 의사소통의 결핍, 언어 발달의 지연과 화용의 문제, 놀이 기술의 결여, 제한된 관심 범위 및 강박적 반복 행동, 부적응적 기능과 행동 문제를 개선하는 데 목표를 둡니다. 특정 기술의 향상을 목표로 하는 치료에는 사회기술 훈련, 의사소통기술 훈련, 언어치료, 인지행동치료 등이 있어요. 이때 아이의 특성에 맞는 특수교육도 꼭 필요합니다.

한약치료는 뇌 성장을 도와 적응기능을 향상시키고 아이가 교육에 더 잘 참여하도록 도와줍니다. 그리고 불안이나 우울, 강박증, 과잉행동, 주의력 결핍 등의 동반증상이나 자해, 공격성, 상동행동 등의 문제행동을 개선하는 데도 효과적이에요.

요한이는 아스퍼거 증후군의 본질적인 문제를 치료하기에는 너무 늦은 나이였어요. 아스퍼거 증후군으로 인해 이차적으로 발생하는 우울증, 불안장애, 대인관계에 맞춰 치료해야 했습니다. 자존감이 크게 떨어져서 누군가 그냥 웃기만 해도 자기를 비웃었다고 생각해 분노조절이 안 되었으며 폭력적인 성향을 보였어요. 심할 땐 선생님까지 때리려고 들었지요.

요한이의 분노폭발과 공격행동의 원인은 마음속 우울과 불안이므로 우울과 불안을 없애주는 심리치료와 약물치료를 병행했습니다. 요한이와 같은 아이들은 불안을 낮추고 자존감을 회복해 주는 쪽으로 솔루션이 필요합니다.

아스퍼거 증후군 아이들이 보이는 언어적 특징

- 학술적인 용어나 '책에 나오는 말'을 사용하여 어른처럼 말하며, 문법적으로 과도하게 정확한 말을 사용하려고 한다.

- 다른 사람의 관심 여부에 상관없이 자신이 좋아하는 특정 주제에 대해 과도하게 이야기한다.

- 말할 때 단어나 구를 반복한다.

- 미묘한 농담(예: 풍자)을 이해하지 못한다.

- 대화의 내용을 글자 그대로 해석한다(즉, 은유적인 표현이나 관용어를 잘 이해하지 못한다).

- 독특한 음성톤(예: 노래 부르는 것 같은 톤, 단조로운 톤)을 보인다.

- 사실상 상황을 이해하지 못했으면서도 마치 이해한 것처럼 행동한다.

- 부적절한 질문을 할 때가 많다.

- 대화를 시작하고 유지하는 데 어려움을 겪는다.

친구를 사귀기 힘들어해요

초등학교 1학년 재연이(남, 8세)는 어른 말을 수용하지 않고 대들었으며, 화를 참지 못하고, 화가 나면 큰 소리로 말하는 증상으로 내원했습니다. 반항장애인가 싶어서 어릴 때 어땠는지 물어봤더니, 신생아 때부터 먹고 자는 것도 까다롭고 활동량이 굉장히 많은 아이였습니다. 말을 배우는 데는 어려움이 없었고, 지금 학습능력도 괜찮다고 하니 지능에는 문제가 없어 보였습니다.

재연이는 어린이집에 들어간 뒤 장난감을 계속 일렬로만 배열해서 놀았습니다. 그리고 다른 아이가 자신의 물건을 만지기만 해도 계속 밀치는 행동을 했습니다. 줄서기를 할 때 줄 서던 친구가 "잠깐 화장실 갔다 올게." 하고 잠시 나갔다가 다시 들어오면 새치기를 했다며 계속 싸웠습니다. 이렇게 줄에 계속 집착했고, 다른 아이들이 의도적으로 한 행동을 이해하지 못했지요.

친밀감을 표현하며 툭툭 치는 행동도 그 의도를 이해하지 못하니 계속 싸웠습니다.

유치원에서도 모여서 숙제하거나 놀 때 친구들과 어울리지 못하고 따로 행동했습니다. 그리고 관심 있는 것에는 엄청난 집중력을 보였고, 관심 없는 것에는 작은 시도조차 하지 않았습니다. 또 말하는 데는 문제가 없었지만 농담, 비유적인 말, 은유적인 말은 이해하지 못했지요. 그래서 친구들이 웃고 떠들 때 웃지 않았습니다. 마치 외국인들 사이에 혼자 끼어 있는 이방인과 같았지요. 그리고 운동신경도 굉장히 둔했습니다.

>> DOCTOR'S SOLUTION >>

심리검사를 해보니 재연이는 불안감이 높았고, 사회적으로 미성숙한 부분이 많았습니다. 사회적인 상황에서 자신의 나이에 비해 무척 어리게 생각하고 행동하는 모습을 보였지요. 상황에 유연하게 대처하지 않고 그때마다 충동적으로 행동했어요.

그 이유는 다른 사람이 말하는 내용을 이해하지 못할 때가 많아서 항상 긴장되고 불안했기 때문이었습니다. 사람들은 재연이를 공격적인 아이, 시비 거는 아이로 알았지만 사실은 항상 불안해서 그런 행동을 보인 거였어요.

검사에서도 재연이는 사회적 상황을 공감하고 이해하는 능력이 많이 부족한 것으로 나타났어요. 이런 점들 때문에 친구들과 사이에서 갈등을 일으킬 소지가 많았지요. 이런 아이들은 마음이 통하는 친구를 진짜 친구로 느끼는 4학년 무렵부터는 왕따를 당할 가능성이 높아집니다.

부모는 아이가 선천적으로 지닌 결함을 먼저 인정해야 해요. 아이에게 말할 때도 꼬지 않고 직접적이거나 쉬운 말로 지시하고 설명해야 합니다. 더불어 초등학교 저학년 때부터 친구 사귀는 기술을 가르쳐야 해요.

아스퍼거 증후군 아이는 눈 마주침이나 시선 처리를 잘 못 하므로, 대화할 때 상대방의 얼굴을 쳐다보고 생각을 읽는 연습을 시켜야 해요. 드라마에 나오는 사람의 표정을 보고 어떤 감정이 느껴지는지 어떤 생각을 하고 있는지 상상해 보는 연습을 해도 좋아요. 드라마나 사진 속의 인물들 표정을 보면서 "이건 화가 난 거야.", "이건 신나고 즐거운 거야."라고 훈련하는 것이지요. 이렇게 훈련을 반복하다 보면 이해하고 공감하는 능력이 자랍니다. 그리고 말할 때 톤, 목소리, 대화법에 대해서도 기술적으로 가르쳐야 합니다.

아스퍼거 증후군 아이는 충동적으로 반응하니까 다른 사람과 관계가 안 좋은 경우가 많아요. 그럴 때는 자신의 생각을 글로 표현하게 하는 것도 괜찮습니다. 글로 표현하면 오해 사지 않고 자기의 감정을 객관적으로 표현할 수 있으니까요. 예를 들어 친구들과 싸웠을 때 말로 하지 말고 편지나 문자로 표현하는 것이지요.

재연이처럼 나이가 아직 어리면 뇌 발달에 도움이 되는 치료를 위주로 합니다. 뇌 성장에 도움이 되는 한약이나 음식, 놀이, 운동을 같이 적용하면 좋아요. 언어치료나 특수교육을 함께 진행하면 더 좋습니다. 아스퍼거 증후군 아이들은 주의력 검사에서 인지반응 속도가 느리고 오랫동안 집중하는 것이 힘들어요. 그래서 집중력 부족으로 ADHD를 의심받거나 지능이 높은데도 불구하고 학습능력이 좋지 않지요. 이런 아이는 주의집중력을 향상시키는 치료를 받는 것이 바람직합니다. 만약 스트레스를 많이 받아서 심리적으로 불안하고, 이로 인해 여러 신체적 증상과 문제행동이 나타난다면 도움이 되는 약과 심리치료를 병행하기도 합니다.

Chapter 11

ADHD,
초기 치료가 중요하다

아이들은 ADHD가 있거나 호기심이 너무 많아 집중하지 못할 때, 사회성이 떨어질 때, 심리적으로 불안할 때 산만한 행동을 보입니다. 이 중에서 ADHD를 '주의력결핍 과잉행동장애'라고 하는데, 말 그대로 주의력이 부족해서 집중하지 못하고 끊임없이 움직이는 과잉상태를 말합니다.

그동안에는 산만하고 활동적인 아이들을 단순히 버릇없이 키워져서 자제력이 부족하다고만 생각해 왔습니다. 그러나 최근에는 특별히 뇌 손상이 관찰되지 않음에도 불구하고 유전적으로 혹은 선천적으로 나타나는 질환으로 인식이 변화하고 있습니다.

예전에는 주의력결핍과 과잉행동장애를 따로 분리해서 진단을 내렸습니다. 현재는 주의력이 부족한 아이들은 대부분 과잉행동증상을 보이기 때문에 통합해서 진단합니다. 하지만 어떤 아이는 주의력만 부족하고, 반대로 어떤 아이는 과잉행동만 심하기도 하지요. 그래서 ADHD를 다시 주의력결핍 우세형 ADHD, 과잉행동/충동 우세형 ADHD, 복합형 ADHD로 분류하기도 합니다.

ADHD 아동은 성장하면서 대체로 세 가지 경로를 밟습니다. 저절로 좋아지는 경우, 과잉행동은 좋아지지만 주의력결핍과 충동성은 남는 경우, 성인이 된 뒤에도 증상이 남는 경우입니다. 따라서 조기에 적절히 치료하지 않으면 아이의 성장과 발달에 심각한 문제를 초래합니다.

ADHD의 원인은 무엇일까?

정신과적인 문제는 선천적(기질적, 생물학적)인 문제와 후천적(환경적)인 문제가 결합되어서 찾아옵니다. 주된 발병 원인이 신경학적 부분에 있으면 약물치료를, 환경적인 부분에 있으면 심리치료를 중시하지요. 미국 의학에서는 주로 신경학적 치료를 중시하는 편이고, 환경적인 부분을 강조하는 곳은 영국을 비롯한 유럽입니다. 유럽은 특히 사회심리학이 발달한 곳이어서 더 그런 경향이 있어요. 정답은 둘 다 중요하므로 어느 하나에만 치우쳐서는 안 되고 서로 균형이 맞아야 합니다.

최근 연구에서는 ADHD가 심리적, 환경적인 문제로 발생하기보다는 뇌의 신경학적인 문제로 인해 생긴다는 견해가 우세합니다. 뇌에서 주의집중력, 고차원적인 사고, 판단을 담당하는 곳이 바로 전전두엽인데, 전전두엽은 다른 뇌 부위보다 늦게까지 성장하고 발달합니다. ADHD 아이들은 이 전전두엽의 발달이 정상적인 아이들에 비해 늦는 편이에요. 그래서 또래에 비해 평균 2세 정도 어리게 행동하고 집중력이나 판단력도 부족하지요. 초등학생이 유치원생이나 할 법한 행동을 합니다.

ADHD 아이들이 다른 아이들에 비해 뇌 용적이 5% 작다는 연구결과도 있어요. 정상 아이들에 비해 고차원적인 사고를 담당하는 뇌의 '회색질'이 얇은 편이지요. 이는 뇌의 기능이 선천적으로 떨어진다는 것을 의미해요. 정도가 가벼운 아이들은 성장하면서 복구되지만 심한 아이들은 성장하면서 오히려 격차가 벌어집니다. 그러므로 초창기에 뇌의 출발선상이 다르다는 것을 인정하고 그 차이를 줄이는 치료를 해야 합니다. 여기에는 뇌의 성장을 돕는 약물과 음식, 운동이 영향을 끼치며, 부모의 올바른 양육태도와 교육 그리고 심리적 지지도 필요해요.

나이가 어리면 심리치료보다는 뇌의 성장을 돕는 데 중점을 두어야 하고, 추후 ADHD로 인한 이차적인 문제를 해결해야 합니다. 모든 ADHD 아이들에게 이차적인 문제가 생기지는 않지만 청소년기에 들어서면 이차적인 문제가 생길 가능성이 높아진다는 사실을 알아두세요.

충동적이고 매사에 산만해요

초등학교 4학년 지훈이(남, 11세)는 어렸을 때부터 주의력에 문제가 있었고, 부모가 봤을 때 굉장히 산만하다고 느꼈습니다. 거기다 어려서부터 성기를 계속 만지면서 킁킁거리며 냄새를 맡아 엄마의 지적이 잇따랐지요. 일종의 습관장애인데 지적이 계속되니 아이는 스트레스를 받았습니다. 유치원을 다닐 때 선생님에게서 "수업 중에 돌아다닌다.", "계속 엎드려 있다."라는 이야기를 전해 듣고, 심리상담센터에 데리고 갔더니 ADHD 진단을 받았습니다.

부모는 처음엔 심각하게 생각하지 않았기에 치료하지 않고 지켜보았습니다. 그러나 지훈이는 초등학교에 들어가서도 몸을 가만히 두지 못했고 수업에도 집중하지 못했습니다. 또 평소에 움직임이 크고 과잉행동을 보였지요. 초등학교 2학년 때는 얼굴을 찡그리고 소리를 내는 음성 틱까지 나타났습니다.

다행히 학교에서는 성적도 좋고 친구들과 사이도 원만했습니다. 부모가 곧 좋아질 것으로 생각하고 치료를 안 하고 방치한 이유도 여기에 있었지요. 결국 초등학교 4학년이 되어 증상이 한층 더 심해져서 내원했는데, 사실 이런 경우에는 고학년으로 올라갈수록 더욱 성적이 떨어집니다.

지훈이 역시 ADHD 증상이 더 심해지고, 더 산만해졌으며, 더 집중하지 못하고 틱도 더 심해졌습니다. 몸 전체를 들썩들썩 격렬하게 떠는 경련성 틱이 와서 얼핏 보면 간질처럼 보이기도 했습니다. 손가락을 계속 입에 갖다 댔으며, 성기를 만지는 행동도 몸을 만지는 행동으로 확대되었습니다. 그뿐 아니라 대화 도중에도 집중하지 못했으며, 딴소리를 잘하고 물건도 잘 잃어버렸습니다.

>> DOCTOR'S SOLUTION >>

아이가 정신과 진단을 받으면 적극적으로 치료에 참여하는 부모가 있고, 그 결과를 부정하는 부모가 있습니다. 특히 아빠들이 그런 성향이 강합니다. "애들이 다 그렇지 뭐."라거나 "크면 좋아질 거야."라고 넘기고 말지요. ADHD 증상이 가벼우면 크면서 차츰 좋아지지만, 그렇지 않으면 조기치료가 필요해요. 지훈이는 나빠지는 유형에 속했어요. 유치원 때와 초등학교 2학년 때 적절한 치료 시기가 있었는데 그걸 놓친 거예요.

지훈이는 틱과 ADHD 증상은 있지만 공격성이나 지능에는 문제가 없는 유형이었습니다. 주의력 문제, 틱, 습관장애만 보였기 때문에 심리치료까지는 필요가 없었지요. 물론 거기서 더 방치되거나 지적을 받았다면 심리치료가 필요한 상황까지 갈 수도 있었을 거예요. 활발한 지훈이는 우리나라 ADHD 환자의 70~80%를 차지하는 '과잉행동/충동 우세형 ADHD'에 해당했습니다. 주로 남자아이들에게 많이 나타나지요. 지훈이에게 필요한 것은 과잉행동과 충동을 억제하는 생물학적인 치료, 생활습관 개선, 운동이었어요.

지훈이는 부모의 양육 방식이 문제가 아니라 선천적으로 뇌에 문제가 있는 경우입니다. 이 경우에는 지적하고 교육한다고 해서 증상이 나아지지 않아요. 예전에는 우울증 엄마를 둔 아이에게 ADHD가 생긴다는 말이 있었지만, 사실은 ADHD 인자가 있는 아이에게 증상이 나타났을 뿐입니다. 반대로 아이가 ADHD면 엄마에게 우울증이 온다고 말할 수 있지요. ADHD 심리치료 중에 가족치료가 있는 이유도 바로 이 때문이에요.

선천적인 ADHD를 해결하는 데 도움이 되는 음식

지훈이처럼 기운차게 과잉행동을 보이는 것을 한의학에서는 열이 많다고 봅니다. 특히 심장과 간에 열이 많은 유형인데 자동차로 말하면 엔진이 과열된 셈이지요. 자동차가 시속 100km로 달려야 하는데 120km로 달리는 식이니, 이럴 땐 과열된 엔진을 식혀줘야 합니다. 여기에 도움이 되는 것이 자연에서 나는 음식이에요.

우리가 흔히 말하는 '절밥'을 먹으면 충동조절에 도움이 됩니다. 스님들이 먹는 자연적인 음식을 먹으면 충동과 욕망을 다스릴 수 있지요. 반대로 인스턴트 음식, 튀긴 음식, 맵고 짜고 자극적인 음식은 도움이 되지 않아요. 특히 식품에 첨가되는 색소는 도파민과 다른 신경전달물질의 재흡수를 억제하여 신경세포의 기능 이상을 초래할 수 있습니다. 화학 첨가제가 많이 들어 있는 식품은 적게 먹는 것이 좋아요. 그리고 아이들이 담배 연기에 많이 노출되면 주의집중력과 학습능력이 저하된다는 연구결과도 있습니다.

과잉행동과 충동성이 많은 아이들은 인삼, 녹용과 같은 보양약을 과하게 먹으면 좋지 않습니다. 옛말 중에 '부잣집 아들이 녹용이나 인삼을 먹고 바보가 되었다'는 말을 들어본 적이 있지요? 몸에 열이 많은 아이들이 열 많은 성분을 지나치게 먹으면 불길이 위로 솟구치듯이 열이 뇌로 올라갑니다. 몸에 기운이 너무 많아 힘은 넘치지만 가만히 있거나 집중을 유지하기 힘들어지지요.

따라서 녹용과 인삼도 체질과 증상에 맞게 먹어야 해요. 홍삼도 인삼보다는 순화되었다고 하지만 과하게 먹으면 부작용이 생깁니다. 물론 어릴 때 열이 많았던 아이도 노인이 되면 몸에서 양기(陽氣)가 줄어들기 때문에 이때는 보양약을 먹어도 돼요.

체질적으로 열이 많고 과잉행동과 충동성이 심한 아이들에게는 양기는 제어하고 음기는 보충해 주는 한약을 처방합니다. 양기를 제어하기 위해서는 황련, 치자, 석고 같은 한약을 사용하고, 음기를 보충하기 위해서는 지황, 지모 같은 한약을 사용하지요. 약으로 체질을 개선하고 몸의 균형을 잡아주는 거예요. 이 밖에 구기자, 원지, 석창포 같은 한약은 집중력, 기억력과 같은 인지기능을 높여 줍니다.

주의집중력을 키워주는 생활습관

시각적으로 자극하거나 경쟁하고 부수는 게임은 공격성과 충동성, 흥분도를 높이기 때문에 삼가는 것이 좋아요. 바둑이나 체스처럼 차분하고 생각하게 하는 놀이가 도움이 되지요. 놀이를 하려거든 생각을 유도하거나 상대와 대응하는 방식의 '생각하는 게임', 즉 즉각적인 상황에 놓이기보다는 상대와 순서를 나누는 게임을 추천합니다.

간혹 우리 아이는 컴퓨터 게임을 할 때 몇 시간이고 꼼짝 않고 집중을 잘하니까 괜찮다는 부모가 있는데, 이것은 집중력과는 상관이 없어요. 집중력은 어렵고 지겨운 것을 일정 시간 동안 참고 해낼 수 있는 능력을 의미하지요. 따라서 집중력을 키워준다면서 컴퓨터 게임을 오랫동안 하도록 내버려 두는 것은 좋지 않아요. 오히려 ADHD 아이들은 컴퓨터 게임에 중독될 가능성이 높기 때문에 적절히 제어할 필요가 있어요. TV나 비디오게임도 집중력 발달에 도움이 되지 않습니다.

음악 역시 비트가 강한 것보다는 차분한 음악이 도움이 돼요. 그러나 어떠한 것이든 반드시 재미 요소가 들어가야 합니다. 그리고 아이가 동의하고 흥미를 느껴야 해요. 억지로 하는 건 오히려 반발을 불러오니까요. 명상을 하더라도 아이와 부모가 같이 참여하는 수업 형식으로 재미있게 해야 좋습니다. 재미있고 흥미 있는 것을 할 때 아이 뇌에서 집중력을 높여주는 신경전달물질이 분비되기 때문이에요.

다음 9가지 중 6가지가 6개월 이상 지속되면 과잉행동/충동 우세형 ADHD로 진단합니다.

과잉행동/충동 우세형 ADHD 아이들의 진단 기준

- 손발을 가만히 두지 못하거나 의자에 앉아서도 몸을 꼼지락거린다.
- 앉아 있어야 하는 교실이나 다른 상황에서 자리를 떠난다.
- 적절하지 않은 상황에서 지나치게 뛰어다니거나 기어오른다.
- 조용히 여가 활동에 참여하지 못한다.
- 끊임없이 움직이거나 무언가에 쫓기는 것처럼 행동한다.
- 지나치게 수다스럽게 말한다.
- 질문이 채 끝나기 전에 성급하게 대답한다.
- 차례를 기다리지 못한다.
- 다른 사람이 대화하거나 게임하는 것을 방해하고 간섭한다.

ADHD의 치료단계

ADHD는 증상이 심한 정도에 따라 네 단계로 나눌 수 있어요. 첫 번째는 경계선 단계로 몇 가지 ADHD 증상을 보이지만 진단 기준에 해당될 정도는 아닌 경우예요. 대부분 가족력이 없고 다른 정신장애도 동반하지 않아요. 치료하지 않아도 시간이 지나면 정상 범위로 회복되며, 부모 상담이나 조언만으로도 큰 효과가 있습니다.

두 번째는 가벼운 단계로 ADHD 증상을 보이지만 심각한 문제를 일으키지는 않는 경우입니다. 공격성이 별로 없으며 사회적 관계에도 별다른 문제가 없어요. 대부분 다른 정신장애를 동반하지 않으며, 스트레스를 주는 환경이 없으면 시간이 지나면서 70% 정도는 좋아집니다. 교육이나 가벼운 약물치료가 도움이 됩니다.

세 번째는 중등도 단계로 심한 ADHD 증상을 보이며, 학업과 사회적 관계에서도 어느 정도 어려움을 겪습니다. 공격성과 반항적 행동과 함께 한두 가지 정신장애를 동반하기도 해요. 적절한 치료를 받으면 큰 문제 없이 성장할 수 있지만, 제대로 치료하지 않으면 청소년기에 반항장애와 품행장애를 일으킬 수 있습니다.

네 번째는 심각한 단계로 학업과 사회적 관계에서 심각한 문제를 보입니다. 어려서부터 공격적이고 반항적인 행동을 보이며, 청소년기에는 대부분 반항장애와 품행장애로 진행해요. 그 외에도 불안장애, 우울증, 학습장애 등을 동반하며, 성인이 되어서는 반사회적 인격장애를 가지거나 범죄자가 될 가능성이 높아요. ADHD 아이들의 20~30%가 여기에 해당되는데, 약물치료를 포함해서 심리치료 등 모든 치료방법을 총동원해서 치료해야 합니다.

약물치료와 심리치료의 병행

예후를 판단할 때는 현재 보이는 ADHD 증상뿐만 아니라 가족력, 유전성, 동반장애, 가정환경, 지능, 학습능력, 교우관계 등을 고려하여 종합적으로 판단해야 합니다. 또한 정신과에서 복용하는 약물에 대한 반응을 보고서도 예후를 판단할 수 있어요. 예를 들어 정신과 약물에 대한 효과가 없거나 부작용이 나타나면 치료 예후가 좋지 않은 편이에요.

ADHD가 가벼운 정도에서 그치지 않고 증상이 심한 경우에는 약물치료를 병행해야 합니다. 심리치료가 필요한데 약물치료만 해도 안 되고, 약물치료가 필요한데 심리치료만 해도 안 돼요. 두 가지 치료를 아이의 상황에 맞게 적절히 병행하는 것이 효과적입니다.

심리치료 중에서는 인지행동치료가 가장 효과적이에요. 인지행동치료는 말 그대로 인지(생각)와 행동을 바꾸는 치료예요. 왜곡된 생각을 바로잡는 것이 인지치료, 잘못된 행동을 바로잡아 올바르게 행동하게 하는 것이 행동치료입니다.

어린아이들에게는 인지행동적 놀이치료 위주로 적용하고, 12세부터는 인지행동치료와 더불어 사회성을 키우는 사회기술 훈련을 같이 합니다. ADHD 아이들은 대부분 대인관계의 사회기술이 부족하니까 방법을 가르치는 것이지요. 이때 필요하다면 아이가 충동성과 공격성을 스스로 제어할 수 있도록 약물치료나 뉴로피드백을 병행하는 것이 좋아요. 뉴로피드백은 뇌신경을 발달시켜 뇌기능과 뇌건강을 증진시키는 뇌훈련기법입니다. 주의 집중력이나 수면 등의 문제를 치료할 때 활용합니다.

초기 ADHD 치료가 중요한 이유

모든 문제가 다 그렇지만 아이들 문제는 초기 치료에 어떻게 접근하느냐가 병의 진행을 좌우합니다. ADHD 아이들은 대부분 7세 이전에 문제행동이 나타나고 늦어도 12세 이전에 주의력 문제를 보여요. 그래서 부모가 신경 쓰면 조기에 발견하고 치료할 수 있습니다.

아이들은 크면서 대부분 좋아지니까 ADHD가 병이 아니라고 주장하는 사람들도 있어요. 어떻게 보면 맞는 이야기 같지만, ADHD 증상으로 인해 아이들이 인지와 정서, 행동 면에서 순조롭게 성장하지 못하고 일상생활에 어려움을 겪기 때문에 치료는 꼭 필요합니다.

특히 초등학교 4학년은 신체적·정신적으로 변화가 많은 시기여서 소아정신과 문제가 많아집니다. 뇌와 호르몬 변화가 동시에 와서 정상적인 아이들도 초등학교 4~5학년 때 제일 집중을 못하지요. 뇌세포의 가지치기 현상이 절정에 달하는 때거든요. 여기에 공격성까지 보이는 경우 청소년기에 반항장애나 품행장애가 오고, 더 심하면 성인이 되어 반사회적 인격장애가 오거나 사회적 범죄를 저지를 수도 있으니 초기에 치료를 잘해야 합니다.

물론 어릴 때 품행장애를 보인다고 해서 다 나쁜 것은 아니에요. 절반 정도는 저절로 좋아지는데, 품행장애가 성인까지 지속되면 문제가 됩니다. 초기 치료가 꼭 필요한 이유예요.

ADHD가 꼭 나쁜 것은 아니다, 영재형 ADHD

사실 영재 아이들은 ADHD에 걸릴 확률이 높습니다. 영재 아이는 창의적이고 기운이 넘치는 편이지요. 기질적으로 과도한 에너지를 가지고 있다 보니 신체활동도 과도하고, 말도 빨리 하는 편이며, 행동도 빠르고 충동적입니다. 그래서 ADHD의 과잉행동처럼 보일 때가 있어요. 영재 아이들은 또 많은 분야에 관심을 가져서 한 가지에 쉽게 흥미를 잃어버리고 다른 곳으로 관심을 돌리지요. 사실은 이해력이 빨라서 그런 건데 부모는 아이가 산만하다고 오인하기 쉬워요.

지적 능력이 뛰어난 영재 아이들은 학교 과정이 너무 쉽다 보니, 학교에서도 흥미를 잃고 집중을 안 하고 딴짓을 잘해요. 똑똑하니까 독립적인 사고도 빨리 형성되지요. 어른들의 말이 틀렸다고 생각되면 따지기도 하므로 선생님은 아이가 공격적이고 반항적이라고 판단할 수도 있어요. 그러다 보니 영재 아이들이 ADHD로 오인 받아서 내원하는 경우도 있답니다.

그러나 실제로 검사해 보면 이런 아이들은 지능도 우수할 뿐만 아니라, 주의력 검사에서도 아무 이상 없이 나옵니다. 영재형 ADHD는 영재 아이와 같은 특성을 가지고 있으나 실제 검사에서는 집중력에 문제를 보여요. 영재형 ADHD 아이들은 일반 ADHD 아이들과 다른 차이를 지닙니다. 주의력 검사를 하면 부주의와 충동에는 문제가 없으나, 흥미를 쉽게 잃어버려서 대부분 집중을 오래 유지하지 못하는 문제가 있지요. 반면에 일반 ADHD는 집중을 오래 유지 못 하기도 하지만, 부주의와 충동에도 모두 문제가 있습니다.

영재형 ADHD는 제대로 교육 받으면 뛰어난 성과를 거둘 수 있어요. 이런 아이들은 획일적인 교육을 하는 일반 학교보다는 대안학교에 가거나 유학해서 월반하는 것이 좋습니다. 특성화된 학교에서 아이의 관심사와 능력을 개발해 줄 수 있는 특별한 교육을 받아야 하기 때문이지요. 일반학교로 진학할 경우 문제아로 지적 받을 수도 있어요. 영재형 ADHD는 일반 아이들에 비해 공감능력이 떨어지는 게 단점이므로, 천재적인 머리를 활용할 수 있도록 관심 있는 연구 분야에서 활동하는 게 바람직합니다.

에디슨도 영재형 ADHD였다?

에디슨(Thomas A. Edison)은 누구나 알듯이 미국의 유명한 발명왕입니다. 평생을 연구에 몰두하여 1,100개가 넘는 발명특허를 받았지요. 하나같이 새로운 시대를 열어 준 획기적인 기기들입니다. 어릴 적부터 호기심이 많고 부산스러웠던 에디슨에게서 전형적인 ADHD 증상을 찾아볼 수 있다는 사실을 아시나요?

7남매의 막내로 태어난 에디슨은 어릴 적부터 몸이 약했습니다. 하지만 잦은 병치레도 그의 넘치는 호기심과 장난들을 잠재울 수는 없었어요. 집 가까이 있던 운하에 혼자 나갔다가 물에 빠져 죽을 뻔한 적도 있고, 6세 때는 헛간에 불을 지르면 어떤 일이 벌어질까 궁금해서 진짜로 불을 질러 헛간을 삽시간에 불바다로 만들었다고 합니다. 그 무렵 어미 거위들이 하나같이 꼼짝도 하지 않고 있는 이유가 알을 품기 위해서라는 말을 듣고 자신도 알을 품고 앉아서 거위 울음소리를 낸 일화는 유명하지요.

　에디슨은 초등학교에 들어가서도 학교생활에 적응하지 못하고 끊임없이 부산스럽게 장난을 쳤습니다. 학교생활에 적응하지 못할수록 장난은 심해졌고, 수업 진도를 무시하고 선생님의 말을 중간에 가로채면서 수없이 질문을 던졌지요. 그럴수록 선생님의 화를 돋우기만 했기에 따뜻한 배려와 지도를 받지 못했습니다.

　결국 어머니가 나서서 에디슨을 3개월 만에 자퇴시켰습니다. 어머니는 에디슨에게 책을 많이 읽혔고, 혼자서 실험실을 만들어 실험할 수 있도록 허락했어요. 에디슨이 자신이 원하는 삶을 살 수 있었던 데는 그만큼 깊은 사랑과 신뢰, 배려를 바탕으로 한 어머니의 역할이 컸습니다.

　ADHD 관점으로 에디슨의 행동들을 본다면 당연히 과잉행동, 충동성이 많다고 할 수 있습니다. 정상적인 학교 수업을 따라가지 못한 것을 보면 주의력결핍도 상당했던 것 같습니다. 다른 ADHD 아이처럼 자신이 좋아하는 일들(에디슨의 경우 실험이나 연구)에는 어느 정도 몰입할 수 있었지만 일상적인 생활이나 학교 수업에서 요구되는 주의력은 상당히 부족했던 것으로 보입니다.

성인 ADHD에서 흔하게 보이듯 에디슨도 감정 교감에 많이 서툴렀습니다. 1871년 아내 메리와 결혼했으나 그의 행동에는 배려심이 전혀 없었습니다. 가정을 돌보기보다는 자신의 작업장에서 새벽까지 일하는 날이 많았지요. 아내는 외로운 결혼생활 끝에 1884년 병으로 죽었습니다. 1886년 2월 당시 스무 살이었던 미나 밀러와 재혼했지만, 첫 결혼 때와 마찬가지로 결혼 전의 열정적인 모습은 이내 사라지고 발명에만 다시 몰두했습니다.

경영면에서도 서툴러서 계약할 때 꼼꼼하게 살피지 못하여 나중에 법정을 들락거리는 일도 많았습니다. 뿐만 아니라 연구소 소속 연구원들에게도 임금을 박하게 지급했습니다. 모든 면에서 항상 지나칠 정도로 자신을 기준으로 삼다 보니 다른 사람들의 사정이나 형편, 감정을 잘 살피지 못했던 것입니다.

잠시도 집중하지 못해요

ADHD는 조용한 유형, 활발한 유형, 복합 유형의 3가지로 나뉘며 크게는 조용한 유형과 활발한 유형의 2가지로 나뉩니다. 조용한 ADHD는 '주의력결핍 우세형 ADHD'라고 하며, 여자아이들 또는 활동성이 적고 내성적인 남자아이들에게 주로 나타납니다. 이런 아이들은 어려서는 ADHD가 있는지 잘 모르는 경우가 많습니다. 유치원이나 학교에서 잘 앉아 있고 식당에서도 조용하기 때문이지요. 싸워도 때리기보다는 오히려 맞고 오는 경우가 많아 초등학교 3~4학년 때나 돼야 발견되는 경우가 부지기수입니다.

중학교 2학년 상훈이(남, 15세)가 이런 경우였어요. 수업 시간에 잘 앉아 있고 눈은 선생님을 보고 있지만, 정신은 다른 데 가 있었습니다. 한마디로 초롱초롱하지 않고 초점 없는 '동태눈'으로 다른 생각에 빠져 있었지요. 시험을 보면 성적이 안 좋고, 뭘 물어보면 잘 모르고, 지시하면 잘 잊어버리기 일

쏘였습니다. 학원 수업 시간에도 진도가 안 나가 3, 4시간 동안 질질 끌곤 했습니다.

사실 초등학교 4학년이 되면 시험문제가 확 바뀌면서 복합사고를 요구하는 방식으로 교과과정이 어려워집니다. 성적이 뚝뚝 떨어지면서 이때쯤 부모도 아이의 증상을 눈치채지요. 머리가 어느 정도 좋은 아이들은 초등학교까지는 괜찮다가 중학교 때 성적이 떨어지기도 합니다. 우울하거나 무기력한 증상도 보이므로 부모가 보기엔 우울증이 온 것처럼 보일 수도 있습니다.

상훈이는 초등학교 때는 반에서 3등을 유지하다가, 자율성과 고차원적 사고를 요구하는 중학교에 진학한 이후 성적이 확 떨어졌습니다. 집에서는 집중력 문제라고 생각하지 못하고 아이에게 게으르다며 몰아댔지요. 성적도 떨어졌는데 잔소리까지 심해지니, 손톱을 물어뜯고 눈을 깜빡이는 틱 증상이 동반되었습니다. 조용한 ADHD는 보통 초등학교 3~4학년 때 발견되는데 상훈이는 지적자원이 좋아서 이보다 더 늦게 발견된 경우였습니다.

>> DOCTOR'S SOLUTION >>

'과잉행동/충동 우세형 ADHD'가 남을 괴롭히거나 때리는 등 폭력적인 성향을 보이거나 증상을 바깥으로 내보이는 경우가 많다면, '주의력결핍 우세형 ADHD'는 속에 품고 있는 경우가 많아요. 억울하고 분한 감정을 밖으로 표출하지 않고 마음속에 품고 있기 때문에 흔히 우울증이나 불안장애를 동반하기도 합니다.

상훈이가 틱을 보이고 손톱을 물어뜯은 원인은 부모가 스트레스를 주어서 그런 것이므로, 스트레스를 주는 환경을 바꿔주면 곧 좋아집니다. 집중력 부족은 선천적인 문제이지만, 나머지는 부모의 잔소리가 불안을 야기한 데서 기인한 것이므로 부모의 양육방식을 바꾸지 않으면 증상이 나아지지 않아요. 따라서 부모에게도 상담과 교육이 필요합니다. 아이에게 약만 처방해서는 문제가 나아지지 않고 또다시 반복될 거예요.

따라서 아이를 믿어주고 적극적으로 지지해 주어야 합니다. 집중력이 좋아지면 그런 행동도 없어질 수 있어요. 물론 도와주는 사람도 필요하지만 아이가 자기주도적이 되도록 이끌어주어야 합니다. 한마디로 적극적 지지가 많이 필요한 유형이에요. 이것을 제대로 하지 못하면 나중에 헬리콥터맘처럼 모든 걸 다 해결해 줘야 합니다.

주의력결핍 우세형 ADHD라면 음적인 기운을 줄이고 양적인 기운을 높여라

한의학적으로 양적인 체질은 과잉행동과 충동적인 ADHD 증상이 잘 생기고, 음적인 체질은 주의력결핍 우세형 ADHD가 잘 생깁니다. 주의력결핍 우세형 ADHD 아이들은 체형 자체도 호리호리하고 기운도 부족한 편이지요. 외부에서 자극을 줘야만 욕구가 일어나는 유형으로 정적인 운동보다는 몸을 쓰는 운동이 좋습니다. 평소 뛰거나 농구처럼 남하고 부딪히며 경쟁하는 운동을 추천합니다. 하지만 기운이 부족하므로 처음부터 지나치게 과격한 운동을 하기보다는 점차 운동

시간과 활동량을 늘려가는 것이 좋아요.

과잉행동과 충동성을 보이는 아이들에 비하면 부족한 기운을 끌어올리는 한약과 음식을 권합니다. 인삼, 홍삼, 녹용처럼 양기를 북돋는 한약은 부족한 에너지를 보충하고 집중력을 오랫동안 유지하는 데 도움이 되지요. 저지방 고단백질 성분의 육류도 좋은 음식이니 아이에게 자주 먹이는 것이 좋습니다.

정확한 ADHD 진료를 위해서는 정확한 판단이 필요하다

초등학교 입학 후 아이가 수업 중에 집중하지 못하고 돌아다닌다는 선생님의 말씀을 듣고 ADHD를 의심해서 내원하는 경우가 많습니다. 유치원에서는 별다른 말이 없었는데 유독 초등학교 입학 후에 문제가 되는 것이지요. 초등학교 입학 후 아이들이 적응할 때까지 일시적으로 수업에 집중하지 못하거나 돌아다닐 수 있습니다. 하지만 한두 달 적응기간이 지났는데도 그런 행동이 고쳐지지 않으면 ADHD일 가능성이 있어요. 심한 아이들은 초등학교 2학년이 되어서도 수업 중에 돌아다닙니다. 검사해 보면 이런 아이들은 90% 이상 ADHD로 진단됩니다.

그러나 학교 선생님의 이야기나 부모의 생각만으로 ADHD라고 진단할 수는 없어요. 집, 학교, 학원 등 최소한 2군데 이상에서 문제를 보여야 ADHD로 판정이 가능합니다. 한쪽 말만 듣는 것은 지양해야 해요. 한 군데에서만 그런 의견이 나오면 교우문제나 학습에 대한 어려움 등 다른 문제가 없는지 살펴보세요. 다른 데서는 괜찮은데 학교에서만 그렇다면 선생님이나 친구들과 문제는 없는지 따져볼 필요가 있습니다. 진단을 내리는 데도 여러 과정이 필요합니다.

첫째, 진료실에서 아이의 행동을 관찰해야 합니다. 활발한 유형의 ADHD 아이는 진료실에 들어서자마자 조립된 뇌 모형을 허락도 없이 만지거나 부수는 경우가 많아요. 일반적인 아이들은 "만져 봐도 돼요?"라고 물어보거나 가만히 있는데 말이지요. 그리고 가만히 있지 못하고 계속 꼼지락거리고, 부모와 의사가 대화하는 도중 불쑥 일어나기도 합니다. 반면 조용한 유형의 ADHD 아이는 얌전히 앉아서 멍한 모습을 보이거나 뭘 물어봐도 반응이 느립니다.

둘째, 아이가 어떤 문제를 일으키는지 부모 상담을 통해 파악해야 합니다. 평소 외출했을 때의 모습이나 집안 일상생활에서의 모습, 학교와 학원에서 수업 태도, 친구들과의 관계 등을 물어봅니다.

셋째, 설문지나 심리검사를 통해 아이의 심리상태를 파악하고, ADHD만 있는지 그로 인한 불안이나 우울도 있는지 살펴봅니다.

넷째, 지능과 집중력, 기억력 검사 등이 포함된 신경인지기능 검사를 통해 종합적으로 판단해야 합니다.

학교에서 하는 간단한 설문에서는 ADHD로 쉽게 진단이 나올 수 있다는 점도 유의해야 합니다. 불안장애나 우울증, 또는 아스퍼거 증후군 때문에 산만하게 보여도 ADHD로 진단이 나올 수 있거든요. 이런 경우에 ADHD 약을 잘못 먹으면 부작용이 굉장히 심하게 나타납니다. 학교에서 하는 ADHD 검사는 확진이 아니고 선별검사임을 유념하세요.

ADHD를 양약이 아닌 한약만으로 치료할 수 있을까?

한의원에 오는 환자들 중에는 처음 ADHD가 의심되자마자 바로 오는 경우가 절반, 양방 정신과에 갔다가 치료가 안 되어서 오는 경우가 나머지 반입니다. 이는 바꿔 말하면 한의원에서 치료가 안 되면 양방 정신과로 갈 수도 있다는 이야기이지요. 즉, 양방이든 한방이든 치료에 100% 만족할 수는 없다는 뜻입니다.

행동 제어가 심하게 안 되는 아이들은 한방치료로 만족이 안 됩니다. 특히 공격성이 강해서 학교에서 아이들을 때리거나 난폭한 행동을 하는 아이들이 그렇습니다. 학교 선생님은 아이를 바로 통제하고 싶어 하니까 치료가 빨리 되기를 원하지요. 그러나 한약은 대체로 양약보다 반응 속도가 늦는 편이에요. 부모나 선생님이 참을 수 있는 수준이라면 기다려 주면 좋지만 "아이 때문에 수업에 방해가 된다."거나 "우리 아이의 물건을 뺏는다."라는 항의가 들어오면 기다려주기가 쉽지 않아요. 이럴 때는 자연스러운 변화를 유도하는 한방치료보다는 바로 약 효과가 나는 정신과 약이 절실하지요.

그러나 약효가 센 정신과 약을 먹으면 아이는 무기력해지고 수업 시간에 졸기 십상이에요. 문제 행동은 줄어도 공부도 안 되고 친구를 못 사귈 수도 있어요. 이럴 경우 양약과 한약을 같이 복용하다가 나중에 양약을 줄이길 권유합니다. 양약을 줄일 때 한방치료를 같이 병행해야 양약 부작용을 줄일 수 있고, 증상이 심해지더라도 한약으로 대체할 수 있습니다. 한마디로 좀 더 편하게 양약을 줄일 수 있어요.

중등도 이상의 ADHD에 해당하여 심한 공격성을 보이는 아이들에게는 처음부터 양약을 쓰는 게 좋습니다. 그러나 경계선에 있거나 첫번째 ADHD 단계일 때부터 양약을 쓰면 밥을 안 먹거나 잠을 안 자거나 틱이 생길 수 있어요. 이런 문제가 민감하게 나타나는 아이들에게는 양약보다 한방치료가 훨씬 더 도움이 됩니다. 양약처럼 센 약은 마치 에스프레소 10잔을 마신 것과 같은 뇌 각성 효과를 냅니다. 따라서 성장이 느리고 몸이 왜소하여 약에 대한 민감도가 크거나 증상이 가벼운 경우에는 한방치료가 낫다고 말하고 싶습니다.

다음 9가지 중 6가지 이상이 6개월 이상 지속되면 주의력결핍 우세형 ADHD로 진단합니다.

주의력결핍 우세형 ADHD 진단 기준

- 세세한 부분에 주의를 기울이지 못하거나 학업, 직업 또는 다른 활동에서 실수를 저지른다.
- 일하거나 놀 때 지속적으로 주의를 집중하지 못한다.
- 다른 사람이 말할 때 주의 깊게 듣지 않는 것처럼 보인다.
- 지시 받은 일을 끝내지 못하고 학업, 일, 작업장에서 임무를 수행하지 못한다.

- 맡겨진 일과를 체계적으로 수행하지 못한다.
- 지속적인 정신적 노력을 요구하는 일에 참여하기를 싫어하고 회피하며 저항한다.
- 활동하거나 숙제하는 데 필요한 물건들(장난감, 학습과제, 연필, 책 또는 도구)을 자주 잃어버린다.
- 외부의 자극에 쉽게 산만해진다.
- 일상적인 활동을 잊어버린다.

ADHD 아동에게 도움이 되는 한방 약차

1. 오미자차

달고 시고 쓰고 맵고 짠 5가지 맛을 모두 가졌다는 뜻의 이름이 붙었을 만큼 오미자五味子는 다양한 성분과 약성을 지니고 있어요. 오미자는 우리 몸의 기운을 모아서 정신기능에 도움을 주는데, 실제 약리적으로도 대뇌피질의 기능을 끌어올려서 기억력과 집중력, 사고력 등을 향상시켜줍니다.

특히 평소 기관지가 약하고 목소리도 작으며, 쉽게 지치고 피곤해하는 것은 물론 책상 앞에만 앉으면 멍 때리는 아이들에게 더 효과가 있지요. 오미자를 맛있게 먹으려면 냉수에 12시간에서 24시간 정도 담가두세요. 빨갛게 우러나온 물에 시럽이나 꿀을 살짝 섞어서 시원하게 만들어 주면 아이들이 무척 좋아합니다.

2. 결명자차

결명자는 보리차와 더불어 흔하게 마시는 약차입니다. 결명자는 기본적으로 약간 차가운 성질이 있어서 스트레스나 과로로 인한 열감을 잡는 데 사용되어 왔어요. 간열肝熱로 인한 두통, 어지럼증 등에 효과가 있지요. 특히 한방 안과의 상용약으로서 눈이 충혈되거나 염증이 잦을 때 효과적이에요. 또한 시력 저하, 야맹증, 백내장, 녹내장 개선에도 도움이 됩니다.

따라서 각종 스트레스로 쉽게 열을 받는 ADHD 아동이 눈이 쉽게 피로해져 집중력에 문제가 있을 때 수시로 마시게 하면 좋아요. 하지만 배나 손발이 차고 만성 장염으로 자주 설사하는 아이에게는 맞지 않습니다.

3. 복분자차

복분자라는 이름에는 정력이 넘치는 남정네의 소변줄기가 하도 힘차서 요강을 엎었다는 재밌는 얘기가 담겨 있습니다. 복분자는 그만큼 뛰어난 자양강장 효과를 자랑하며, 한의학에서도 소변빈삭, 유뇨증, 유정증 등의 배뇨 및 생식기능과 관련된 다양한 질환에 활용됩니다. 약리적으로도 비타민 A와 C, 각종 미네랄 등 다양한 항산화 물질들이 많이 들어 있어서 동맥혈관 건강과 노화 방지에도 큰 효능이 있습니다. 또 시력, 기억력, 집중력을 높여주고 만성피로에도 도움이 됩니다.

만약 어려서 소변을 늦게 가렸거나 야뇨증을 경험한 ADHD 아동이 긴장될 때나 공부할 때 소변보러 화장실을 자주 들락거린다면 복분자차가 도움이 될 수 있습니다.

4. 국화차(감국차)

1년 중 가을에 청초함을 뽐내는 국화는 봄날의 설렘과 여름날의 열정을 지나 차분함을 찾아가는 상징과도 같은 꽃입니다. 실제 과로와 스트레스로 인한 흥분과 열감을 가라앉히는 약재로 사용되는데, 특히 피로 해독과 관련된 간기능이 저하되어 발생하는 피로열에 효과적입니다. 이 피로열이 머리와 얼굴로 올라오면서 눈이 충혈되고, 머리가 아프거나 어지러우며 혈압이 오를 때 감국차를 마시면 도움이 됩니다.

하루 중에도 늦은 오후는 1년 중 가을과 같을 때입니다. 만약 ADHD 아동이 늦은 오후만 되면 부쩍 피곤해하고 안절부절 못하면서 짜증이 늘고 충동적이 된다면 가을 향이 가득한 감국차를 내주세요.

5. 치자차

치자는 가슴이 답답하고 억울해서 미칠 것 같은 증상에 주로 사용합니다. 중추신경계를 진정시키고 혈압과 체온을 떨어뜨릴 때도 사용하지요. 따라서 치자차는 가슴에 울화를 풀고 몸에 열을 가라앉혀서, 공격적이고 분노조절이 잘 안되는 충동적인 아이들에게 도움이 됩니다. 울화가 치밀어 오르는 우울증, 화병 환자에게 좋습니다.

ADHD 아이들은 다른 사람들과 소통에 문제가 있다 보니, 가슴 속에 울화가 쌓여서 다양한 행동문제가 심해질 때가 잦습니다. 이런 양상을 보이면서 특히 얼굴빛이 칙칙하고 어두운 ADHD 아이에게 치자차를 활용해 보세요. 다만, 치자 자체가 너무 쓰니까 다 끓은 물에 5분 미만으로 차처럼 우려서 마시는 것이 좋아요. 또한 한꺼번에 오랫동안 마시기보다는 행동문제가 부각되는 시기에 한정해서 간헐적으로 사용하는 것이 좋습니다.

Chapter 12

심할 경우
왕따를 당하는
유뇨증/유분증

오줌을 못 가리는 것은 뇌가 미성숙하기 때문

아이들은 대략 2세까지는 소변을 가리지 못하고 반사적으로 소변을 봅니다. 그러다가 점차 나이가 들면서 소변을 가리게 되지요. 보통 2세가 넘어가면서부터는 방광에 소변이 차는 것을 스스로 느끼고, 3세가 되면 괄약근을 임의로 조절할 수 있게 됩니다. 이후 5세 정도가 되면 소변을 참을 수도 있고 스스로 조절할 수 있게 됩니다.

5세가 지났는데도 오줌을 조절하지 못하고 지리는 증상을 유뇨증이라고 합니다. 낮에 오줌을 지리면 주간 유뇨증, 야간에 오줌을 지리면 야간 유뇨증이라고 해요. 즉, 야간 유뇨증이 야뇨증이고 아이들에게 나타나는 것은 대부분 야뇨증이에요. 증상은 주간 유뇨증이 좀 더 심한 편인데 대부분 야뇨증도 함께 나타나요. 어떤 아이들은 대변을 같이 지리기도 합니다.

유뇨증은 일차성 유뇨증, 이차성 유뇨증으로도 나뉘어요. 일차성 유뇨증은 태어나서부터 대소변 가릴 때가 지난 뒤까지 계속 소변을 지리는 것입니다. 이차성 유뇨증은 평소 소변을 잘 가리다가 어느 순간 갑자기 소변을 못 가리는 것입니다. 대부분 5~7세 사이에 야뇨증을 다시 경험하는데 이는 심리적 갈등을 일으키는 상황이나 스트레스를 경험했을 때 잘 발생해요. 보통 동생이 태어났다거나 엄마나 아빠와 떨어졌다거나 유치원에 적응하지 못한다거나 하는 어떤 계기가 생겨서 퇴행이 온 경우예요. 원래는 문제없던 기능이 스트레스로 민감해진 것이지요. 또는 소변을 조절하는 기능이 약간 미숙해져서 퇴행이 오기도 합니다.

소변을 가리기 위해서는 신장과 방광에서 소변 양을 조절해야 하고, 뇌에서는 소변이 마려운 것을 감지해서 조절해야 합니다. 선천적으로 신장과 방광의 성장이 미숙한 경우에 야뇨증이 잘 생겨요. 신장에서 소변 양을 조절하지 못하고, 방광의 용적이 너무 작아서 소변을 자주 보게 됩니다.

아이들은 점차 방광의 용적이 늘어나면서 소변을 참을 수 있게 됩니다. 그런데 야뇨증이 있는 아이들은 정상 아이들과 달리 7~8세 사이에 오히려 방광의 용적이 줄어들어요. 그래서 이 시기에 스트레스를 받거나 불안해지면 야뇨증이 심해지거나 잘 발생하게 되지요.

뇌의 성장이 미숙하면 방광을 조절하지 못하고 소변이 마려운 것을 잘 감지하지 못해요. 그래서 마음이 불안하면 소변을 자주 보게 되고, 낮에 놀이에 집중하거나 밤에 깊이 잠들면 소변이 마려운 것을 감지하지 못해 지리게 되지요. 유뇨증이 있는 아이들 중에는 또래 아이들에 비해 언어능력, 운동능력, 뼈 연령 등이 늦게 발달하거나 뇌의 활동성이 저하될 때 보이는 느린 뇌파가 더 많이 나타납니다.

일차성 유뇨증이냐 이차성 유뇨증이냐에 따라 주된 치료방법에 차이가 있어요. 이차성 유뇨증에 비해 일차성 유뇨증의 치료 기간이 더 길지요. 가족력이 있는 경우에는 선천성 요인이 크기 때문에 좀 더 치료가 어려워요. 일차성 유뇨증이 있는 아이들은 ADHD를 동반하는 경우도 많으며, 반대로 ADHD 아이들에게서 유뇨증이 자주 나타나기도 합니다. 이차성 유뇨증은 대부분 심리적 환경적인 요인에 의해 발생하기 때문에 마음의 불안을 제거해 주면 쉽게 치료되는 편이에요.

대부분의 문제는 12세 이전에 없어집니다. 100명 중 1명은 성인기까지 지속될 수 있는데, 이때는 기질적으로 뇌에서 소변을 조절하는 부분에 문제가 있다고 봐야 해요. 특히 태어날 때 뇌 손상이 있었다면 치료가 더욱 어려워져요. 7세 이후에도 소변을 가리지 못한다면, 아이의 뇌와 정서적 성장에 부정적 영향을 미칠 수 있기 때문에 적극적으로 치료할 필요가 있습니다.

대소변을 잘 가리지 못해요

초등학교 1학년 유호(남, 8세)는 미국에서 태어났는데, 처음부터 수면 중에 소변을 못 가리는 일차성 야간 유뇨증(야뇨증)이 있었습니다. 아빠에게 어릴 때 야뇨증이 있어서 가족력이 있었지요. 유호는 날마다 자면서 소변을 지렸는데도 그런 줄 모르고 그 자리에서 계속 잤습니다. 이불이 축축하면 아이들은 본능적으로 다른 데로 옮겨 가서 잠을 자는데 유호는 그것도 인지하지 못하고 계속 같은 자리에서 잠을 잤습니다. 소변을 보라는 방광의 신호와 이불이 축축하다는 느낌을 뇌에서 전혀 감지하지 못했지요. 이는 일종의 각성 장애로 한마디로 뇌가 둔함을 의미합니다. 아이들의 야뇨증은 이처럼 소변을 지린 자리를 벗어나 다른 곳으로 옮겨 가서 자는지, 아니면 그것도 인지하지 못하고 그 자리에서 계속 자는지로도 증상이 심한 정도를 판단할 수 있습니다.

유호의 부모는 처음에는 가만히 지켜봤습니다. 그러다가 내원 두 달 전부터 방과후 돌봄교실에서도 소변을 지리기 시작하더니, 이후 두 번은 대변까지도 지렸다는 말을 듣고 병원에 왔습니다. 이렇게 되면 아이들에게 놀림까지 받기 때문이었지요.

>> DOCTOR'S SOLUTION >> 주간

검사해 보니 유호는 발달상에 문제가 없었고, 공부도 잘했으며, 대근육과 소근육 발달도 정상이었어요. 다만 활동적이지 않고 소심하고 내성적인 유형이었지요. 남자들보다 여자들과 어울리기를 더 좋아하고, 남자 친구들과 몸으로 부딪치며 노는 것을 별로 좋아하지 않았어요. 이런 아이들은 자기표현 능력이 떨어집니다. 유호도 학교에서 자신감 있게 말해야 할 때 하지 못했어요.

이런 경우 낮에 소변을 지리는 것은 문제가 있다기보다는 쑥스러워서 자기 욕구를 제대로 표현하지 못하는 것으로 봐야 합니다. 소변이나 대변이 마려운 것을 주변에 알리지 못하고 참다가 지리는 것이지요. "이건 부끄러운 현상이 아니고 생리적인 현상이야. 또 그러면 선생님께 말씀드리고 화장실에 다녀와." 하고 안심시켜줘야 합니다.

어떤 아이들은 놀이에 너무 집중하다가 대소변을 지리기도 해요. 대소변이 마렵다는 신호를 뇌가 잘 감지하지 못하기 때문이지요. 만약 집중력에 문제가 있거나 뇌에서 신호를 감지하는 능력이 떨어졌다면 뇌의 각성 능력을 높이는 치료가 필요할 수도 있습니다.

아이들은 또래에게 놀림을 받으면 자존감이 많이 떨어져요. 예전에 아이가 오줌을 못 가리면 키를 쓰고 이웃집에 가서 소금을 얻어 오라고 했던 문화가 있었는데, 이런 문화는 사실 아이의 자존감을 엄청나게 떨어뜨리므로 지양해야 합니다. 자신감이 없는 아이들일수록 자기표현 능력을 키워줘야 합니다.

>> DOCTOR'S SOLUTION >> 야간

밤에 소변을 못 가리는 것은 자기 의지와는 상관이 없습니다. 이 경우에는 첫째, 뇌에서 감지하는 시스템 기능과 아직 미숙한 신장 및 방광의 성장을 돕는 약을 처방해야 합니다. 둘째, 수면 중에 너무 깊이 잠들어서 각성이 안 되는 각성장애를 개선해 주는 약, 즉 소변감지 시스템을 깨우는 약을 써야 합니다. 셋째, 마음이 불안하고 긴장되면 방광의 배뇨근이 민감해져서 소변을 자주 보게 되므로, 불안을 없애는 약을 추가해야 합니다.

간혹 소변을 조금씩 자주 지리는 아이들이 있어요. 방광의 배뇨기능이 약해서 잔뇨감이 생기는 경우입니다. 이때는 배뇨기능을 향상시켜 방광에 잔뇨가 남지 않도록 해야 합니다. 소변이 방광에 남아있으면 수면 중에 소변을 지리게 돼요. 그리고 잠들기 2시간 전에는 음료나 과일을 먹지 못하게 합니다. 잠들기 전에는 반드시 화장실을 다녀오게 하고요.

아이에게 창피를 주어 소변 지리는 것을 멈추게 하는 방법은 수치심과 모멸감을 주기 때문에 해서는 안 됩니다. 오히려 소변을 가렸을 때 적절한 보상을 주는 '긍정적 강화법'이 더 바람직해요.

부모와 아이가 함께 상의하여 표를 만들고, 소변을 지리지 않은 날에는 스티커를 주어서 직접 붙이게 해 보세요. 그리고 약속한 분량의 스티커를 다 붙이면 미리 약속한 선물을 주는 거예요. 이때 모든 가족이 관심을 가지고 볼 수 있도록 집 안에서 가장 잘 보이는 곳에 표를 붙여 놓습니다. 보상으로 선택한 선물은 동기부여가 될 수 있도록 아이가 자기 마음에 드는 것으로 정하게 하고, 보상은 다음으로 미루지 않고 바로 하는 게 좋아요.

대변을 옷에 묻히는 유분증

옷에 소변을 지리는 것을 유뇨증이라고 하듯이, 대변을 가려야 하는 나이(만 4세)가 지나서도 옷에 대변을 지리는 것을 유분증이라고 합니다. 유분증도 일차성 유분증과 이차성 유분증으로 구분해요. 일차성 유분증은 태어나서부터 현재까지 대변을 가리지 못하는 것이고, 이차성 유분증은 1년 이상 대변을 잘 가리던 아이가 다시 가리지 못하는 것을 말합니다.

아이들은 12개월이 되면 장에 대변이 꽉 차 있다는 것을 알게 되고 대변을 보고 싶다고 느낍니다. 18개월이 되면 괄약근을 능동적으로 조절할 수 있어서 대변을 참을 수 있게 되지요. 이 시기에 부모가 배변

훈련을 적절히 시키지 못했거나 너무 강압적으로 하면 대변을 늦게 가리게 됩니다. 특히 강압적인 배변훈련은 아이로 하여금 부모에게 적대감을 갖게 하고, 아이는 부모의 말에 따르지 않는 방법의 하나로 대변을 지리게 되지요.

어떤 아이들은 선천적으로 항문의 괄약근 조절이 잘 안 돼서 만성적인 변비에 걸리기도 해요. 만성변비가 지속되면 대변이 항문 근처의 직장에 쌓여요. 직장에 쌓인 대변들은 직장을 확장시키는데, 이때 확장된 직장 벽이 직장을 수축시키는 신경을 마비시켜 대변 보는 능력을 떨어뜨립니다.

대변을 잘 가리던 아이들도 동생이 태어나거나 부모와 이별하거나 혹은 유치원이나 초등학교에 입학하는 등 스트레스를 받으면 퇴행현상으로 대변을 지릴 수 있어요. 또는 더러운 화장실이나 집 외에 다른 화장실을 이용하는 것을 꺼리는 아이들이 유치원이나 초등학교 입학 후 대변을 참으면서 유분증이 생기기도 하지요.

유분증은 남자아이들에게 더 많이 나타나는데, 특히 소변을 가리지 못하는 아이들이 대변을 옷에 묻히는 경우도 많아요. 이 아이들은 자주 우울하고 불안을 느끼며, 주의 집중을 못 하고 산만한 문제를 가지고 있는 경우도 많습니다. 더욱 큰 문제는 대변을 지리는 문제로 유치원이나 초등학교에서 놀림의 대상이 되거나 따돌림을 당하게 된다는 거예요. 따라서 또래 아이들과 어울리기 싫어하고 말수도 없어지며, 학습능력까지 떨어지면서 우울증이 심해집니다. 부모가 지적하거나 혼을 내면 더욱 스트레스를 받아서 무의식적으로 분노와 반항심을 갖게 되는 경우도 흔합니다.

치료할 때는 가장 먼저 만성적인 변비를 개선하는 것이 중요해요. 변비로 인해 대변을 지렸던 아이들은 변비가 개선되면서 차츰 좋아지지요. 변비가 개선되면 하루에 일정한 시간을 정해서 2차례 정도 약 10분씩 변기에 앉혀 '대변가리기 훈련'을 시킵니다. 이때 아이가 대변을 보는 데 성공하면 보상을 주어 정상적인 배변습관을 기르도록 돕습니다.

부모와 아이 모두에게 이러한 증상이 단순히 잘못된 습관이나 사소한 문제가 아닌 질환이라는 것을 인식시킬 필요가 있어요. 유분증으로 생긴 불안과 긴장을 풀어줄 필요가 있지요. 특히 아이에게는 저하된 자존심을 회복할 수 있도록 적극적인 지지와 격려가 필요해요.

변비와 상관없이 심리적 스트레스로 인해 유분증이 나타난 경우에는 상담치료와 놀이치료가 도움이 됩니다. 나이가 어린 아이에게는 놀이치료가 더 효과적이고, 초등학생 이상인 아이에게는 전문가의 상담치료가 좋아요. 아울러 우울, 불안, 분노를 해소하는 데 도움이 되는 약을 함께 복용하면 더욱 바람직합니다.

아이에게는 사랑을 가득 담은
엄마표 집밥이 최고의 보약입니다

부모님들이 저에게 가장 많이 하는 질문 중 하나가 "평소 아이들의 정신건강을 위해 어떤 음식을 먹이는 것이 좋은가요?"입니다. 저는 그 물음에 이렇게 대답합니다.

"모든 영양소가 골고루 들어 있고, 가족을 사랑하는 마음으로 만든 엄마표 음식이 가장 좋습니다."

이와 더불어 아이의 성장에 좋지 않은 음식은 가능한 한 제한하고 좋은 음식은 늘려주는 것이 좋다고 조언합니다. 부모들의 고민 중 하나는 아이들의 식성, 즉 밥 먹는 문제입니다. 밥을 잘 먹지 않거나 편식을 하는 경우, 너무 많이 먹어 살이 찌는 경우 등 고민도 다양합니다. 실제 아이의 식습관 문제로 고민하는 부모들은 즐거운 식사 시간을 가져본 지가 언제인지 모르겠다며 아쉬움을 토로하곤 합니다. 안먹이자니 성장에 지장이 있을까봐 걱정되고, 더 먹이자니 인스턴트 식품이나 프랜차이즈 음식 섭취 문제로 아이와 싸울 것이 뻔해 한숨만 나오고 걱정이 이만저만이 아니지요.

아이들의 잘못된 식습관으로 인해 생기는 문제는 다양합니다. 이런 문제들을 해결하려면 아이의 체질 및 심리적인 기질 성향에 맞춘 개인 맞춤별 식습관 프그로램이 필요합니다. 아이들마다 문제의 원인과 유형이 각각 다르기 때문입니다.

아이들의 식습관 문제를 효과적으로 치료하기 위해서는 체질 및 증상적 요인에 기인한 한방치료적 접근, 습관 양상에 따른 개인적 기질과 성향에 기인한 인지행동 및 놀이치료, 아이가 건강한 음식과 친숙해지도록 단계적으로 다리를 놓아주는 푸드브리지(food bridge) 프로그램, 심리 및 외부환경의 습관 유형에 따른 부모교육 및 상담 등의 통합적인 접근이 반드시 필요합니다. 이렇게 접근해야만 단순히 잘 먹지 않던 밥을 먹게 되는 신체적 효과뿐만 아니라 인지, 행동, 습관, 심리의 개선도 함께 이루어지기 때문입니다.

또한 체질 개선과 면역력 증진 효과도 생겨 아이가 평생 건강의 기

본 토대를 쌓을 수 있고, 아이의 자존감 증진 및 정서안정에도 도움이 될 뿐 아니라 부모와 자녀의 관계 개선에도 효과적이므로 강력히 추천합니다.

행복한 **삶**은
건강한 **뇌**에 의해 이루어집니다

휴한의원
HYOO KOREAN
MEDICAL CLINIC

📍 휴한의원 전국 지점

지점	의료진	주소	연락처
강남점	위영만	서울특별시 강남구 테헤란로 115 (역삼동 649-10번지) 서림빌딩 3층	02-552-3710
노원점	김헌	서울 노원구 노해로 83길 4, 은애경빌딩 4층	02-934-9690
마포점	강민구	서울 마포구 신공덕동 172 펜트라우스 101동 B231호	02-717-3668
인천점	박천생	인천 남동구 인하로 507번길 4. 한성빌딩4층(구월동, 롯데백화점 건너편)	032-429-9754
수원점	서만선	경기 수원시 권선구 권광로 145 (지번 : 권선동 1023-2) 이오스오피스텔 2층	031-297-1075
안양점	한형기	경기도 안양시 동안구 시민대로 187, 307호 (비산동)	031-388-1076
분당점	이시형	경기 성남시 분당구 정자동 17-4 제나프라자 201호	031-786-0157
대전점	손성훈	대전 서구 둔산동 1410번지 웅진빌딩 5층	042-487-7975
천안점	함지완	충남 천안시 서북구 불당동 725 미래시티 3층	041-622-8258
청주점	변형남	충북 청주시 흥덕구 강서로 490 준호빌딩 4층	043-234-7510
대구점	곽봉석	대구 중구 삼덕동1가 44-2번지 5층 경대사대부설 초등학교 맞은편	053-426-1253
창원점	이상욱	경남 창원시 성산구 중앙동 75-4 구트병원 4층	055-262-4009
일산점	류동훈	경기도 고양시 일산서구 주엽동 109번지 화성프라자 7층 701호	031-925-3215
부산점	엄석기	부산 연제구 중앙대로 1090 (연산동 프라임시티 빌딩) 702호	051-866-7500

- **설립연도** : 2005년
- **웹사이트** : www.hyoomedical.com
- **진료과목** : 한방신경정신과
    - 소아청소년질환 : 틱장애, ADHD, 불안장애(공포증), 강박장애, 학습장애,
      야경증, 야뇨증, 반항/품행장애, 발달장애(아스퍼거)
    - 성인질환 : 진전증(떨림), 불면증, 공황장애, 불안장애(공포증), 강박장애,
      우울장애, 어지럼증(현훈), 두통, 만성피로, 치매, 외상성뇌손상

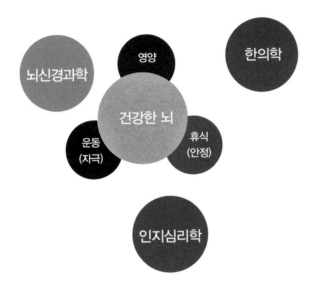

휴한의원에서 이루어지는 모든 치료는 이상 증상을 유발하는 뇌의 신경학적 문제를 파악하여
뇌기능을 회복시키고 아동의 뇌가 잘 성장, 발달할 수 있도록 돕는 것을 목표로 하고 있습니다.
건강한 뇌는 영양, 운동(자극), 휴식(안정)이라는 세 가지 요소로 만들어집니다.

휴한의원의 의료진은 **한의학, 뇌 신경과학, 인지심리학을 결합한, 과학적으로 증명된 지식을
바탕으로 환자분들이 건강한 뇌, 행복한 마음을 가질 수 있도록 성실하게 진료에 임하고 있습니다.**
앞으로도 환자와 보호자 분들에 대한 따뜻한 마음, 질환에 대해 끊임없이 연구하는 자세로 더욱 더
노력하겠습니다.